図解！触って学ぶ ArcGIS Pro

佐土原　聡 編　吉田　聡・古屋貴司・稲垣景子 著

古今書院

は じ め に

『図解！ ArcGIS －身近な事例で学ぼう－』（2005 年 5 月初版発行）、『図解！ ArcGIS10 Part1 －身近な事例で学ぼう－』（2012 年 4 月初版発行）は、多くの方々に GIS 操作の入門書として利用していただきましたが、高機能デスクトップ GIS アプリケーションとして世界で最も普及している ArcGIS Pro 版テキストを望む声が多く聞かれるようになり、このたび『図解！ ArcGIS10 Part1 －身近な事例で学ぼう－』をベースに、内容を若干見直して ArcGIS Pro 対応版として出版する運びとなりました。

前書の「はじめに」にも書きましたが、1996 年夏、米国 ESRI 社の International User Conference に参加して、Jack Dangermond 社長（当時）の "GIS is Common Language" という言葉に驚き、そして感動したことを思い出します。「GIS はみんなの共通言語だ。GIS をプラットフォームにいろんな地域のいろんな立場の人とつながっていきましょう！」という Jack 社長（当時）の言葉と、それを実践しようとしていた米国社会は、私に希望を与えてくれました。

それから 30 年近く時はたちますが、様々な分野で地理情報が扱われ、"GIS is Common Language" という言葉が実現した社会になりました。

本書は前書と同様に、自身の GIS 初心者の頃の経験を踏まえて、
・「GIS を使ってみたいと興味をもつきっかけづくり」を目的として
・「身近な地域の問題」を例題としてとりあげ
・なるべくストーリー仕立てで飽きることのない
GIS の実践へつながる入門書を目指して作成されています。従来の操作説明書のような教科書ではなく、取り組みやすい身近な例題を繰り返し演習することで、操作方法も自然に学んでもらおうという意図です。

学問領域は細分化していますが、世の中の様々な課題の解決には異なる分野の、異なる立場の様々な人たちの協働が必要だと考えます。その協働のためには "共通の言語" をもつ必要があります。地図というのは "共通の言語" となりうると考えています。

本書は、大学生向けというわけでは全くありません。高校生、一般の市民の方々、それぞれの課題解決の道具のひとつとして、GIS を使ってみたいと考えるすべての人たちにとって、良いきっかけづくりとなり、役立つ操作技術を修得することにつながると期待します。

最後に、これからの時代は GIS を "学ぶ" 時代ではなく、GIS を "使う" 時代です。環境問題や社会問題、私たちが抱える様々な問題、課題に対して、GIS をベースにいろんな

人たちが協働し、より良い環境づくりが行われていくことを期待します。

2023 年 10 月

吉田　聡

本書について

■ 本書の構成

　本書は、身近な事例をもとに GIS の基本操作を学んでいくことで、GIS に関する興味を深め、GIS を使ってみるきっかけづくりを目指したものです。そのために、「東アジア地図」づくりから始まり、「横浜市特性地図」「パークアンドライドプロジェクト」「引越し（アパート選定）プロジェクト」「HODOGAYA マップ」と、身近な地域のデータ、身近な問題を扱っています。演習で使用するデータは、横浜国立大学の学生にとっては「身近な」地域のデータですが、出版された本書をもとに演習をする皆さんにとっては「身近な」地域とは感じられないかもしれません。しかし、本書で用意しているデータは、ほとんどが一般に入手可能なデータで、皆さんが自分の住んでいる地域のデータをダウンロードして置き換えて演習を行うことも可能です。

　第 1 章では、GIS とは何だろうか、演習で使用する ArcGIS Pro とは何だろうか、といったところを簡単に学習します。

　第 2 章では、「東アジア地図」「横浜市特性地図」づくりを通して、GIS の基本、ArcGIS の基本操作（地図の表示、レイアウト）を学習します。

　第 3 章では、ラスター解析の基礎として、航空写真などのイメージデータのジオリファレンス（位置座標付与）や、サーフェス解析について学習します。

　第 4 章では、ラスターデータを活用して、都市中心部の交通渋滞緩和のため自家用車で乗り込まないように都市周辺部のどの場所に自家用車用の駐車場を整備すれば良いかを検討するというストーリーで、ラスター解析について学習します。

　第 5 章では、ベクターデータを活用して、引越しする際に、快適（静寂）で便利（コンビニに近い）で家賃が安いアパートを抽出するというストーリーの中で、ベクター解析について学習します。

　そして第 6 章では、小中学校の社会科の先生になったつもりで、国土地理院の基盤地図情報や国土交通省の国土数値情報、政府統計窓口（e-Stat）の国勢調査データといった、社会に流通している様々なデータをつかって地域の教育地図を作成します。

　なお、各章の演習中に出てくる「問（Question）」の「答え（Answer）」は、それぞれの演習の最終ページに記しています。

■ 演習に必要なパソコン環境

　本書は ArcGIS Pro 3.x に対応しています。（なお、本書の GUI 名等は 3.2 を基本としています。）

また、演習用のデータを保存するために、500MB 程度のハードディスク空き容量を確保してください。

なお、演習 2・演習 3B では ArcGIS Pro だけではなく、エクステンションとして Spatial Analyst が、演習 5 の Step up では Network Analyst が利用可能である必要があります。

※ ArcGIS Pro の必要動作環境および推奨動作環境については、ESRI ジャパンのホームページ（ https://www.esrij.com ）を参照ください。

※ 演習データをダウンロードする際にはインターネットへ接続できる環境が必要です。

■ 演習に必要なデータの準備

横浜国立大学の専用サーバから、本テキスト演習用データをダウンロードして下さい。URL は以下のとおりです。

https://www.gis.ynu.ac.jp/

※ ダウンロードには、ユーザ認証が必要です。

    ID　　　　：認証サイトの画面指示に従ってください。

    パスワード：9784772242363（本書の ISBN のナンバーです）

本書では、ダウンロード後に解凍されたデータを、「D:¥gis_pro」というハードディスクへ演習ごとに保存することにします。つまり、"演習 2A" のデータは、「D:¥gis_pro¥ex2a」に保存されていることになります。

ダウンロードしたデータ・ファイルおよびフォルダの設定は［読み取り専用］になっています。そのままではデータの編集や解析ができないため、必ず［読み取り専用］のチェックを外して演習を進めて下さい。

■ 本書に関する問合せなど

本書に関する次のような問い合わせを、E メールにてお受けします。

＞本書の記載通りに操作しても、本書の内容通りに進行しない

＞インターネットのアドレスが変更になって、データのダウンロードができない

など

E メールアドレスは、　**zukaigis@ynu.ac.jp**　です。

E メール以外でのお問い合わせには対応することはできません。ご了承ください。また、本書以外の質問にはお答えすることはできません。あわせて、質問をいただいてから回答までに時間がかかることもあります。あらかじめご了承ください。

※ ArcGIS Pro, Spatial Analyst, Network Analyst は米国 ESRI 社の登録商標です。

※ Windows, Microsoft Excel は米国 Microsoft 社の登録商標です。

目　　次

第1章　GISとは？

第2章　地図の表示・レイアウト

第6章　データの作成・編集（既存データの統合）

■執筆分担

　佐土原　聡　　総括・編集

　吉田　　聡　　第1章、第2章、第4章

　古屋　貴司　　第3章（演習3A）、第5章

　稲垣　景子　　第3章（演習3B）、第6章

第1章　GISとは？

地理情報システム（GIS）とは？

GIS とは地理情報システム（Geographic Information System）の略で、ESRI 社のホームページによると"地上の存在する事物、地上で発生する現象を地図化し解析するためのツール"です。つまり、現実世界の現象や事物のもつ様々な情報をコンピュータ上で空間的に管理することにより、より効率的かつ合理的に現象を理解して意思決定を行なうための手法・ツールのことです。

現実世界にある様々な現象は、あるひとつのモノによってもたらされているものではなく、空間＋時間という 4 次元空間の中の様々なモノ同士の複雑な関係性の中で起こっています。GIS は"位置"という重要なキーワードをもとにして、異種、様々な情報を統合化し、空間的にそれらの関係性を分析することで、これまで良くわからなかった現象や関係性を把握することができます。

地図は大量の情報を瞬時に理解するために優れたツールです。これまで私たちが使ってきた"道路地図"や"住宅地図"などは、その使用目的のために掲載する情報を選別して作られた主題（テーマ）図です。GIS は様々な空間に関連付けられた情報をデータベースとして持っておくことで、これらの汎用性の高い主題図だけでなく、新しい視点での主題図を作り出し（情報のビジュアル化）、現象のパターンや見えない因果関係などを効果的に伝えることができます。

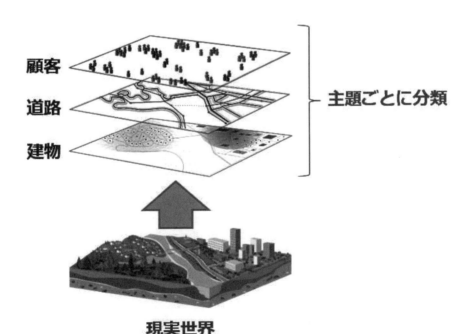

出典）ESRI ジャパン株式会社 Web サイト

Step 2

地理データの要素と構成

　GIS のデータは、地図画面上の図形情報（ジオメトリ：形状、位置）とそれに関連する属性情報からなります。よって、位置情報による検索や分析だけではなく、属性情報による検索や分析、位置情報と属性情報を組み合わせた検索や分析が可能になります。

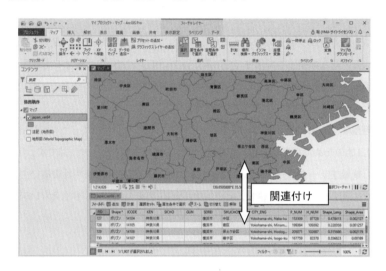

Step 3

ベクターデータとラスターデータ

　GIS で用いるデータモデルとしては、境界の明確な地物や事象を表現するベクターデータモデルと、植生や土地利用など比較的境界があいまいなものを表現するラスターデータモデルがあります。前者のベクターデータモデルはライン（線）、ポイント（点）、ポリゴン（面・領域）のジオメトリクラス（形状の型）からなります。このとき、ジオメトリと呼ばれる位置や形状をあらわす XY 座標列とひとつのテーブルに格納される１レコードの属性データが固有の ID によって関連付けられ管理されます。また、後者のラスターデータは航空写真や衛星画像のようなイメージデータと、地表面温度や標高といった連続変化面を表すサーフェスデータとからなります。

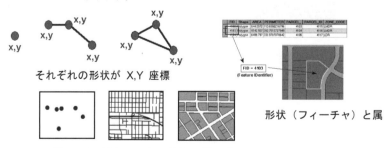

それぞれの形状が X,Y 座標　　　　　　　形状（フィーチャ）と属

ポイント（点）、ライン（線）、ポリゴン

ベクターデータの特徴

それぞれの正方形のセルに値が記述

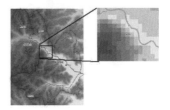

拡大すると表示が変わる

グリッドとイメージ

ラスターデータの特徴

GIS 上における位置の表現

Step 4

　地球は丸い球形（実際は楕円球）であり紙地図やコンピュータのディスプレイで見るような二次元平面ではありません。GIS で、楕円球上の任意の位置を表現するためには、「楕円球の定義」「座標系設定」の2つが必要になります。地理空間情報で扱う座標系には、「地理座標系」、「投影座標系」、「鉛直座標系」があります。

　地球上の位置を表す地理座標（地図座標）は、二次元では緯度と経度で表し、三次元ではこれに標高を加えるのが一般的です。都市スケールでの位置は、地球表面を近似的に平面であるとみなすことができるので、予め設定した座標原点から南北に何メートル、東西に何メートルの位置として表すのが実用的です。この考えに基づいて、わが国では地球楕円体表面をガウス・クリューゲル図法（横メルカトル図法の一種で円筒図法に分類される）により平面上に等角射像して、日本国内に 19 か所の座標原点を置き、各々の座標原点からの X 座標（北向きに正、南向きに負）、Y 座標（東向きに正、西向きに負）の値を与える「平面直角座標系」を国土地理院が定義しています。

　まず、「楕円球の定義」に関しては以下の表のとおり、19 世紀より様々な学者が提案しています。

いろいろな地球楕円体			
楕円体	年代	赤道半径(m)	扁平率の逆数(1/f)
ベッセル楕円体	1841	6,377,397.16	299.152813
クラーク楕円体	1880	6,378,249.15	293.4663
ヘルマート楕円体	1907	6,378,200	298.3
ヘイフォート楕円体	1909	6,378,388	297
クラソフスキー楕円体	1943	6,378,245	298.3
測地基準系1980（GRS80楕円体）	1980	6,378,137	298.257222101
WGS84	1984	6,378,137	298.257223563

　次に、投影法に関しては次の図に示すように、投影面をどのように設定するか、投影させるための光源をどこに設定するか（地球の内部？or 外部？）を決める必要があります。その他にも、投影面と地球面が交差するか、地球の地軸に対して投影面の設定角度をどのようにするか、などの選択肢もあります。

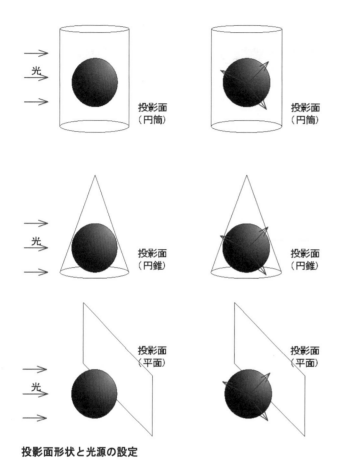

投影面形状と光源の設定

　座標系に関して、地球上の位置を表す場合、基準点からの距離で表現することになります。緯度・経度であらわす場合は赤道が緯度 0、英国グリニッジ天文台の経度が 0 となります。また、メートルやマイルといった距離単位で表現する場合は、どこを基準点（X=0、Y=0）に設定するか決める必要があります。通常は、投影法による形状のひずみ（例えば、メルカトル図法では円筒形の投影面に対して光源を地球内部に設定しているため、高緯度になるほど形状が実際よりも大きく表現されてしまう）をなるべく排除するために、地球表面を緯度方向、経度方向に分割して小さい台形を作り、それを長方形と近似して長方形の東北の頂点をその長方形区域内の原点として表現します。日本では、投影法とセットで平面直角座標系という 19 の投影座標系が設定されています。

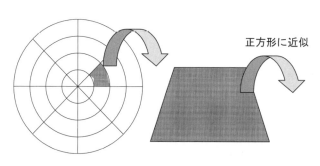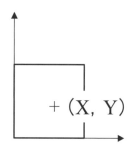

正方形に近似

$+ (X, Y)$

地球を北極から見た図　　　分割されてできた台形

Step
5

GIS の活用事例

　地球上の地物や事象には"どこ？（Where？）"という位置情報が含まれます。GIS では、この "どこ？（Where？）"という位置情報をキーにして様々な解析をすることができます。つまり、利用用途は無限大です。以下に GIS の活用事例を示します。ここに挙げられたものがすべてではありません。GIS という有用なツールを使って、あなた自身が新しい活用方法を考えていってください。

① 　出店計画（商圏分析）

② 　商品配送計画（最短経路分析）

③ 　景観シミュレーション

④ 　火災延焼シミュレーション

⑤ 　河川水質管理（モニタリング、汚染物質拡散分析）

⑥ 　都市施設管理（ガス管、下水道管など）

⑦ 　・・

Step
6

"GIS is Common Language"

　GIS は"位置情報"をもとに様々な分野で活用できるとともに、"位置情報"をもとに様々な分野の人達がつながるきっかけと方法を与えてくれます。また、言葉による説明ではできない、視覚に訴える表現が GISの最大の特徴です。これによって、専門知識をもたない一般の人々も、専門用語が分らなくても結果を視覚的に理解することが可能になるのです。"GIS is Common Language" は、1997 年の ESRI 社 InternationalUser Conference のテーマで、"GIS は一般言語で、GIS をもとに皆つながっていこう（お互いに理解し合おう！）"という意味です。これからの社会において、環境問題への対策などは、様々な視点と協力が必要不可欠です。GIS はこれを実現するためのコミュニケーションツールでもあるのです。

Step 7

ArcGIS とは？

　ArcGIS は、「あらゆる地理空間情報」を「あらゆる環境」で活用できる GIS プラットフォームで、個人ユーザから大規模組織、インターネットを介したネットワークに至る幅広い GIS の利用形態に柔軟に対応するために、スケーラブルなシステムになっています。ArcGIS Pro はその中の高機能デスクトップ GIS アプリケーションとして世界でもっとも普及しており、地理情報および関連情報を統合し、利活用するための一連の機能（情報の可視化/解析、データの作成/管理/出力 等）が豊富に提供されています。3 つのライセンス レベル (エディション) があり、Basic < Standard < Advanced の順でより多くの機能を利用することができます。

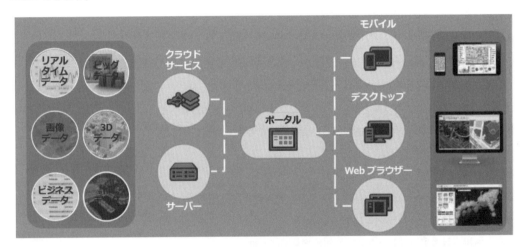

出典）ESRI ジャパンホームページ・ウェビナー資料

ArcGIS Pro の構成

ArcGIS Pro にはリボン インターフェイスが採用されており、特定の機能が常に表示されるメインタブと、実行・選択中の内容に応じて表示 / 非表示されるコンテキスト タブで構成され、使用しているデータや作業内容に応じて必要な機能が表示されます。

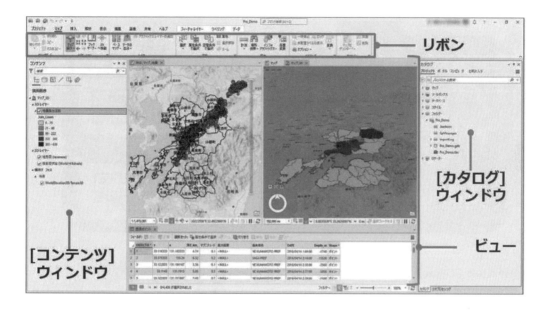

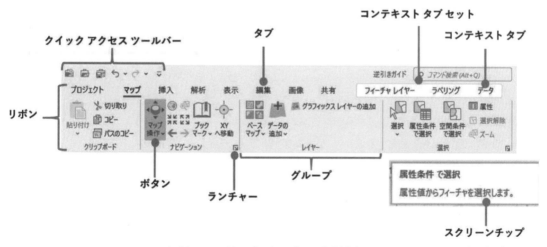

出典）ESRI ジャパンウェビナー資料を加工・ArcGIS Pro 3.1 逆引きガイド

　ArcGIS Pro では、作業ごとにプロジェクト ファイル(*.aprx) を作成し、そのプロジェクトの中で作業に関連するマップやデータ、データベース コネクションモデル、スタイル、タスク、レイアウト、ツールなどの必要なリソースを作成または追加し、一元的に管理するように設計されています。

　また、1 つのプロジェクトに複数のマップ、レイアウトなどを含めることができ、これらのアイテムはすべてプロジェクト ファイルに格納されます。

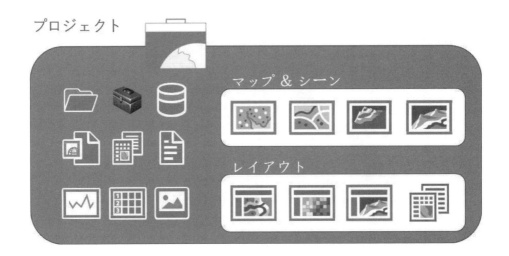

　作成したプロジェクトのホーム フォルダー内には、プロジェクト名と同じ名前のファイル ジオデータベース※ (*.gdb) とツールボックス (*.atbx) が作成され、それぞれデフォルト ジオデータベースとデフォルトツールボックスとして設定されるため、効率よく作業を進めることができます。

　※ファイル ジオデータベースについては、次の Step9 で説明します。

📖　プロジェクト テンプレート

　ArcGIS Pro に用意されたテンプレートを使用することで、特定のテーマやデータに適したプロジェクトを簡単に 作成できます。

- ・2D マップを作成する場合：「マップ」テンプレート
- ・[カタログ] ビューで作業する場合： 「カタログ」テンプレート
- ・3D グローバル シーンを作成する場合：「グローバル シーン」テンプレート
- ・3D ローカル シーンを作成する場合：「ローカル シーン」テンプレート
- ・プロジェクトを作成せずに開始する場合：[テンプレートを使用せずに開始] を選択

マップ　　カタログ　　グローバル...　　ローカル シーン　テンプレートを使用せずに開始

Step 9

空間データのファイル形式

ArcGIS Pro で扱うベクターデータは、仕様が公開されている汎用的な GIS データ フォーマットである「シェープファイル」と、ArcGIS の標準データ フォーマットである「ジオデータベース」の 2 種類があります。

シェープファイル

　ポイント、ライン、ポリゴンを格納することができます。データ相互交換に最適で、ArcGIS 製品やその他の GIS ソフトウェアで利用されています。また、さまざまな機関からシェープファイル形式のデータが提供、販売されています。データのサイズ制限は 2 GB です。

ジオデータベース

　汎用的なデータベースやファイルに図形および属性情報を格納します。ポイント、ライン、ポリゴンなどのベクター データに加え、注記 (アノテーション) やラスター データ、ネットワーク データセットなど、多くのデータ モデルをサポートしています。1 つのジオデータベースに複数のタイプの GIS データを格納でき、かつ高度なデータ モデルを利用できるため、より効率的にデータを管理し、ArcGIS の機能を最大限活用することが可能です。

　ArcGIS Pro では、プロジェクト作成時にジオデータベースの一種であるファイル ジオデータベース (*.gdb)がプロジェクト名と同じ名前で作成され、1 TB を上限にデータを格納することが可能です。

ArcGIS Pro の [カタログ] ウィンドウでの表示

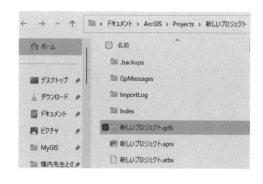

Windows エクスプローラーでの表示

📖 シェープファイルの構成ファイル

　シェープファイルは 3 つの必須ファイルとその他複数のファイルで構成されています。必須ファイルが欠けると アプリケーション上でシェープファイルと認識されません。Windows エクスプローラー上でデータをコピーした り移動したりする場合は注意が必要です。

*.shp: 図形情報を格納（必須）

*.shx: 図形のインデックス情報を格納（必須）

*.dbf: 図形の属性情報を格納する dBASE テーブル（必須）

*.prj: 図形が持つ座標系の定義情報を格納

.sbn、.sbx: 空間インデックスを格納。ArcGIS での空間検索のパフォーマンス向上のために使用

*.cpg: 使用する文字セットを識別するコードページ（文字コード）を指定するオプション ファイル

出典）ESRI ジャパン ArcGIS Pro 3.1 逆引きガイドを加工

第2章　地図の表示・レイアウト

演習 2A　東アジアの地図を作成してみよう

Course Schedule

Step	項目	おおよその必要時間		
		1回目	2回目	3回目
Step1	ArcGIS Pro を起動してデータを確認する	10 分	（　）分	（　）分
	① 演習データの確認			
	② ArcGIS Pro を起動する			
Step2	ArcGIS Pro で地図を表示させてみよう	20 分	（　）分	（　）分
	① データの追加			
	② 空間参照の定義			
	③ レイヤーの階層の変更、地図表示の拡大/縮小など基本操作			
	④ レイヤーのプロパティを操作して表示を見やすくする			
Step3	距離を計測してみよう	5 分	（　）分	（　）分
Step4	レイアウトしてみよう	20 分	（　）分	（　）分
StepUp1	XY データをもったテーブルからポイントを追加する	15 分	（　）分	（　）分
	① XY テーブルデータからポイントデータを作る			
	② 地震規模（マグニチュード）で色分け表示する			

2A

2B

Introduction

この演習では、予め用意されたデータを GIS 上で表示し、簡単なレイアウト作業を通して、ArcGIS の基本的な操作を理解していきます。

Goals

この演習が終わるまでに以下のことが習得できます。

内容	詳細
シェープファイルの構成	ArcCatalog で使用するデータの確認・コピーなど、GIS データの管理について学びます。
空間参照の定義	空間参照とは何か、その定義方法について学びます。
ArcGIS Pro の概要	ArcGIS Pro の起動、データの追加、拡大／縮小表示など基本的な操作について学びます。
レイヤーの表示	レイヤーの表示／非表示、レイヤーの上下関係、レイヤーのプロパティ操作について学びます。
シンボルの変更	シンボルの変更によって分かりやすい表示の方法について学びます。
距離計算	距離計算ツールを用いて 2 地点間の距離を計測する方法について学びます。
レイアウト	レイアウトビューでの操作方法、効果的なレイアウトの方法について学びます
XY テーブルからポイントデータ作成	位置情報を持つ XY テーブルからポイントデータを作成し表示する方法について学びます。

Data

この演習では次のデータを使用します。

主題	データ形式	図形タイプ	データソース	出典
国境	Shapefile	Polygon	ex2a/data/country boundaries	ESRI
首都	Shapefile	Polygon	ex2a/data/Major Cities1	ESRI
主要都市	Shapefile	Polygon	ex2a/data/Major Cities2	ESRI
海域	Shapefile	Polygon	ex2a/data/Ocean and Seas	ESRI
2011 年地震	Shapefile	Table	ex2a/data/earthquake2011	USGS

Step 1 ArcGIS Pro を起動してデータを確認する

① 演習データの確認

🖱1 演習データ（ex2a.zip）をダウンロードし、「D:¥gis_pro」の中に解凍します。

🖱2 解凍した ex2a フォルダを右クリックしてプロパティを開き、サブフォルダも含めて読み取り専用のチェックボックスを外し、読み書きできるようにします。以降では、演習用にダウンロードされたファイルが、「D:¥gis_pro¥ex2a」フォルダにコピーされているものとして説明します。

🖱3 「D:¥gis_pro¥ex2a¥data」フォルダを開いてみましょう。中には、同じファイル名で拡張子が異なるファイルが複数個あることがわかります。これら拡張子のファイルは以下のような意味を持つファイルです。

.shp　図形の情報を格納する主なファイル（必須）

.shx　図形のインデックス情報を格納するファイル（必須）

.dbf　図形の属性情報を格闘するテーブル（必須）

.prj　図形のもつ座標系の定義情報を格納するファイル

「D:¥gis_pro¥ex2a¥data」にあるファイルには、拡張子.prj のついたファイルがありません。これらファイルには、座標系が定義されていないことがわかります。

② ArcGIS Pro を起動する

🖱1 Windows のスタートボタン ▦ から、ArcGIS Pro を選択して起動します。

🖱2 最初に新しいプロジェクトの作成画面が表示されるので、「マップ」を選択し、以下のように設定して OK ボタンを押します。

以下のような起動画面が表示されます。

2A

2B

Step 2 ArcGIS Pro で地図を表示させてみよう

① データの追加

演習で使用するデータを追加し、表示させて見ましょう。

🖱1 マップビューの上にあるリボンの［マップ］タブの［レイヤー］グループで［データの追加］ボタン ⊞ を押します。

🖱2 「D:¥gis_pro¥ex2a¥data」の中にあるシェープファイル（.shp）をすべて選択して追加します。

Step1 で確認したように、追加したシェープファイルには空間参照が定義されていないため、上のような注意メッセージが表示され、マップビューには追加したデータが表示されません。

🖱3 「Country Boundaries」レイヤーで右クリック ＞ レイヤーにズーム

マップを縮小していくと、追加した4つのデータが緯度0度・経度0度の点に表示されています。また、画面下の位置座標を示す値が緯度・経度表示されています。

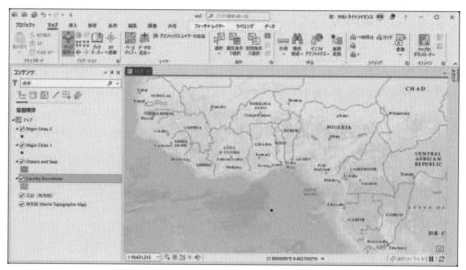

② 空間参照の定義

🖱1 ［解析］タブから［ツール］ボタン 🧰 を押し、［ジオプロセシング］ウィンドウを表示します。

🖱2 ［ジオプロセッシング］ウィンドウ ＞ ［ツールボックス］＞ ［データ管理ツール］＞ 投影変換と座標変換 ＞ 投影法の定義

入力データセット、またはフィーチャークラス ⇒ Country Boundaries

座標系 ⇒ 🌐 ボタンを押す。地理参照座標系 ＞ 世界 ＞ WGS1984

と設定して OK ボタンを押し、[ジオプロセシング] ウィンドウで [実行] ボタンを押します。

🖱3 「Country Boundaries」レイヤーで右クリック ＞ レイヤーにズーム

空間参照を定義したことで、デフォルトで背景表示されている地図と同じ位置に「Country Boundaries」レイヤーが表示されているのがわかります。

🖱4 🖱2と同様に、他の 3 つのレイヤーについても空間参照の定義を行いましょう。

③ レイヤー階層の変更、地図表示の拡大/縮小など基本操作

コンテンツウィンドウにおいて、追加したデータはレイヤーのチェックボックスにより、表示/非表示を切り替えることができます。また、データフレームでは数枚の重なったレイヤーを上から見た図となっているので、下層にあるレイヤーは上にあるレイヤーに隠れて見えない場合があります。作成したい地図をイメージして、重ねる順番（レイヤーの上下関係）にも気を配りましょう。ドラッグアンドドロップすることで、データの重なる順序を変更してみましょう。次に、地図表示の拡大・縮小、属性情報の表示などのツールを使ってみましょう。

④ レイヤーのプロパティを操作して表示を見やすくする

レイヤーのプロパティでは、レイヤーの表示名、シンボルの表示設定、ラベルの設定などを操作できます。データを追加したままの状態では、表示されるレイヤー名は「Major Cities1」「Major Cities2」など、何を意味するのかよく分からない表示となっています。また、シンボルの大きさや色もデフォルトのままとなっています。レイヤーのプロパティを操作して、地図表示がより見やすいものになるように工夫してみましょう。

🖱1 レイヤー表示名の変更

コンテンツウィンドウ＞レイヤー名で右クリック＞プロパティ ＞ 一般 ＞ 名前を以下のように変更しましょう。

・	Major Cities1	→	主要都市
・	Major Cities2	→	首都
・	Country Boundaries	→	東アジア諸国
・	Oceans and Seas	→	海面

🖱2 フィーチャシンボルの大きさ・色の変更

コンテンツウィンドウ ＞ 各レイヤーのシンボルでクリック ＞ [シンボル] ウィンドウで変更します。

🖱3 国名ラベルをつける

コンテンツウィンドウ＞「東アジア諸国」レイヤーを選択して右クリック＞ラベリング

ラベリングに使用する属性フィールドやラベルのフォントなどは、

コンテンツウィンドウ＞「東アジア諸国」レイヤーで右クリック ＞プロパティ ＞ ラベリングプロパティで変更することができます。

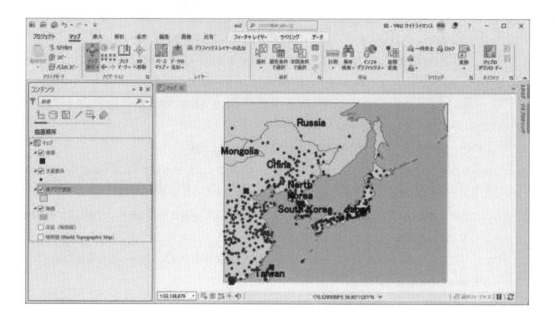

Step 3 距離を計測してみよう

　GIS は事物の位置情報を管理しているため、事物間の距離を計測することが可能です。ArcGIS Pro には距離を簡易に計測するためのツールが用意されています。それでは、東京－ソウル間の距離を計測してみましょう。

🖱1　「マップ」の［計測］ボタン ▦ をクリックします。

🖱2　［計測］ウィンドウで、以下のように設定します。

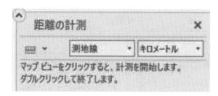

🖱3　カーソルを東京のシンボルに合わせてクリック　＞　ソウルのシンボルにカーソルを移動してダブルクリック

　東京とソウル間の距離が計測結果として、［計測］ウィンドウに表示されます。

Question

Q1.　東京－ソウル間の直線距離はおよそ何 km ですか？

A.＿＿＿＿＿＿＿＿＿＿ km

レイアウトしてみよう

通常 ArcGIS Pro でデータ編集などの作業を行うのは［マップビュー］です。成果図のレイアウト編集は［レイアウトビュー］で行うことができます。ビューに新しくレイアウトビューを追加し、マップフレームで作業中のマップを追加することにより、作業したマップのレイアウトを作成することができます。レイアウトビューで作業できる主な項目は、以下のとおりです。

- ・　出力用紙（ページ）設定
- ・　縮尺の変更
- ・　格子線（緯経線等）の挿入
- ・　テキストの挿入
- ・　オブジェクト（タイトル、方位記号、縮尺スケール）挿入

2A

2B

🖱1　［挿入］タブの［新しいレイアウト］ 🔳 で A4（ヨコ）レイアウトを選択します。

🖱2　挿入したレイアウトビューを選択（この時点では白紙）して、［挿入］タブの［マップフレーム］ボタンから、作業中のマップを選択し、レイアウトビュー上でクリックします。

🖱3　作業しているマップの縮尺を決めます。ここでは「1:20,000,000」と設定します。

🖱4　マップフレームの位置、大きさを設定します。

🖱5　［挿入］タブから、格子線（緯経線）を追加します。

🖱6　［挿入］タブから、テキスト、方位記号、縮尺を追加してレイアウトします。

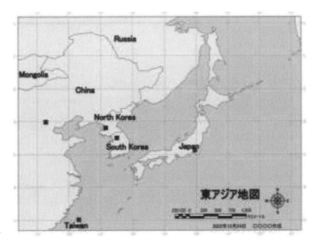

🖱7　［共有］タブから、［レイアウトのエクスポート］で、PDF 形式でエクスポートします。

🖱8　［プロジェクト］から、［名前を付けて保存］で、「ex2a.aprx」と名前を付けて保存します。.aprx ファイルはプロジェクトファイルで、作業状態を記録したファイルとなります。

🖱9　「プロジェクト」から、「終了」でプロジェクトを終了します。

Step
Up 1
XY データをもったテーブルからポイントを追加する

　GIS では図形情報をもったファイルだけでなく、位置情報（座標情報）をもったファイルであれば、その座標情報をもとにポイントデータを作成することができます。

　ここでは、アメリカ地質調査所（USGS）が提供する地震のデータから、東日本大震災（2011 年 3 月 11 日発生）前後の全世界の発生地震のデータ（発生位置、マグニチュード）を抽出したテーブルデータをポイントデータとして表示してみましょう。

① XY テーブルデータからポイントデータを作る

　　🖱1　「D:¥gis_pro¥ex2a¥ex2a.aprx」をダブルクリックして、演習 2A で作業したプロジェクトファイルを開きます。

　　🖱2　マップビューをクリックします。

　　🖱3　[マップ] タブから、[データの追加] ➕ から [XY ポイントデータ] を選択します。

　　🖱4　[ジオプロセシング] ウィンドウの [XY テーブル→ポイント（XY Table...）] で、

　　　　　　　　入力テーブル：D:¥gis_pro¥ex2a¥data¥earthquake2011.csv

　　　　　　　　X フィールド：longitude

　　　　　　　　Y フィールド：latitude

　　　　　　　　座標系：GCS_WGS_1984

　　　　と設定し、実行ボタンを押します。

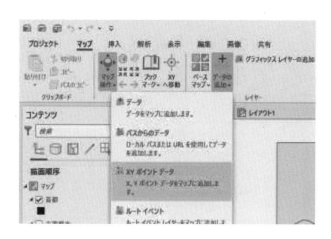

② 地震規模（マグニチュード）で色分け表示する

　　🖱1　コンテンツウィンドウの「earthquake2011_XYTableToPoint1」レイヤーで右クリック ＞ シンボルを選択します。

2️⃣ シンボルウィンドウの［プライマリシンボル］タブで、mag フィールド値をもとに等級色で配色を決定します。

3️⃣ 更に［属性によってシンボルを変更］タブで、mag フィールド値をもとにシンボルの大きさを決定します。

2A

2B

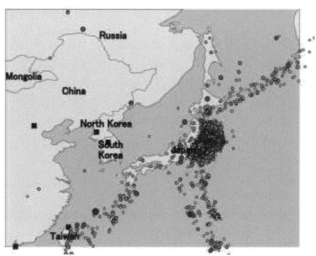

Answer

Q1. 東京ーソウル間の直線距離はおよそ何 km ですか？

A. 約 1,116 km

第2章　地図の表示・レイアウト

演習 2B　横浜市の区別特性図を作成してみよう

Course Schedule

Step	項目	おおよその必要時間		
		1回目	2回目	3回目
Step1	ArcGIS Pro で表示する	5分	（　）分	（　）分
	① ArcSIG Pro の起動とデータの追加			
	② レイヤー名の変更とラベルの表示			
	③ マップ単位の確認			
Step2	属性テーブルの結合とフィールド演算	15分	（　）分	（　）分
	① 区（ポリゴン）面積の計算（ジオメトリ演算）			
	② 人口統計データをテーブル結合			
	③ フィールドを追加して人口密度を計算する			
Step3	人口密度をもとに特性図を作成する	15分	（　）分	（　）分
	① シンボルの色分け表示			
Step4	構造別建物棟数をもとに特性図を作成する	20分	（　）分	（　）分
	① 新規マップの追加とデータの追加			
	② 属性の結合（テーブル結合）			
	③ テーブル結合したフィーチャのエクスポート			
	④ フィールドのエイリアス（別名）の作成			
	⑤ 「建物棟数」と「構造別建物棟数」の特性グラフ表示			
Step5	作成した特性図をレイアウトする	10分	（　）分	（　）分

2A

2B

27

Introduction

　本演習では、身近な事例として横浜市にある各区の特徴を視覚的にわかりやすく表示するために、分類図で表示します。この演習を通して、横浜市などの自治体が所有する統計データ（区別の人口、建物棟数など）を用いて、GIS 上で表現する方法を学びます。

Goals

この演習が終わるまでに以下のことが習得できます。

内容	詳細
ジオメトリ演算	フィールドの追加、面積の計算（ジオメトリ演算）について学びます。
フィールド演算	フィールドの追加、フィールド演算について学びます
属性の結合 （テーブル結合）	統計データなどを、キーとなるフィールドをもとに GIS データ属性に結合する方法について学びます。
等級色分類	フィールド値をもとに分類図を作成する方法について学びます。
フィーチャのエクスポート	テーブル結合したフィーチャのエクスポート方法について学びます。
チャート（パイ）	チャート（パイ）を用いて特性図を作成し、わかりやすく表現する方法について学びます。
レイアウト	レイアウトビューでの操作方法、効果的なレイアウトの方法について学びます

Data

この演習では次のデータを使用します。

レイヤー名	データ形式	図形タイプ	データソース	出典
yokohama_wards_jgd2011	Shapefile	ポリゴン	ex2b¥data	
横浜市区別人口	Ecxel ファイル	テーブル	ex2b¥data	2022 年 1 月横浜市住民基本台帳より作成
横浜区別建物	Ecxel ファイル	テーブル	ex2b¥data	

Step 1 ArcGIS Pro で表示する

① ArcGIS Pro の起動とデータの追加

    🖱1 演習データのダウンロード

        演習用データ（ex2b.zip）をダウンロードし、「D:\gis_pro」に解凍します。

        解凍した「ex2b」フォルダのプロパティから、読み取り専用をサブフォルダも含めて解除します。

    🖱2 ArcGIS Pro の起動

        ［スタート］ ＞ ［すべてのプログラム］ ＞ ArcGIS Pro

    🖱3 新規マップの作成

        ［新しいプロジェクト］ ＞ ［マップ］

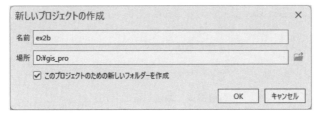

    🖱4 データの追加

        ［マップ］タブ ＞ データの追加 📥 ＞

        「D:\gis_pro\ex2b\data\yokohama_wards_jgd2011.shp」

② レイヤー名の変更とラベルの表示

  ただ表示しただけでは、どこがどの区か分かりづらい不親切な地図となっています。作業しやすいように区名をラベリングしておきましょう「yokohama_wards_jgd2011」のレイヤー名を「横浜市行政区」に変更します。

    🖱1 コンテンツウィンドウの「yokohama_wards_jgd2011」レイヤーで右クリック

        ＞ プロパティ ＞ ［一般］＞ ［名前］のテキストボックスで「横浜市行政区」に変更

    🖱2 区名をラベリング

        コンテンツウィンドウの「yokohama_wards_jgd2011」レイヤーで右クリック ＞ ラベル

③ マップ単位の確認

  コンテンツウィンドウのマップで右クリックし、プロパティで表示の単位を"メートル"に定義しましょう。

    🖱1 プロパティ ＞ ［一般］＞

            「名前」：横浜市区別人口密度分布

            「表示単位」：メートル（マップ単位はマップの座標系によって定義されます）

  マップの単位が定義されていないと面積計算などができません。

2A

2B

Step 2 属性テーブルの結合とフィールド演算

表示した＜横浜行政区＞レイヤーをもとに、区別の人口密度分布図を作成します。

① 区面積の計算

　🖱1　「横浜市行政区」レイヤーで右クリック ＞ 属性テーブル

　🖱2　属性テーブルウィンドウで［フィールドの追加］ボタンを押します。

　🖱3　フィールドウィンドウで以下のように設定します。

フィールド名：AREA	エイリアス：AREA
データタイプ：Float	数値形式：数値（桁数：10）

　🖱4　フィールドウィンドウで新しく追加したフィールド行を選択して右クリック ＞ 保存

　🖱5　「横浜市行政区」の属性テーブルウィンドウで新しく追加したフィールドを選択して右ク
　　　　リック ＞ ［ジオメトリ演算］
　　　　で以下のように設定し［OK］ボタンを押します。

2A

2B

📖 **フィールドの種類**

Short Integer :	整数（桁小）
Long Integer :	整数（桁大）
Float :	小数（小数点以下桁小）
Double :	少数（小数点以下桁大）
Text :	文字列
Date :	日付

---

② 人口統計データをテーブル結合

🖱1　データの追加で、「D:¥gis_pro¥ex2b¥data¥横浜市区別人口.xlsx」を選択し、'202201$' シートを追加します。

🖱2　コンテンツウィンドウで'202201$' を選択し右クリック ＞ 開く

「横浜市行政区」の属性テーブルと、'202201$'のテーブルを比較してみましょう。

「横浜市行政区」属性テーブルの「W_ID」フィールドと、'202201$'テーブルの「ID」フィールドがともに市区町村コードであることがわかります。次に、これらフィールドをキーにテーブルを結合します。

🖱3　「横浜市行政区」レイヤーで右クリック ＞ ［テーブルの結合とリレート］ ＞ ［結合］

🖱4　［テーブルの結合］ウィンドウで、以下のように設定して［OK］ボタンを押します。

> 入力テーブル：横浜市行政区
> レイヤー、テーブルビューのキーとなるフィールド：W_ID
> 結合テーブル：'202201$'
> 結合テーブルフィールド：ID

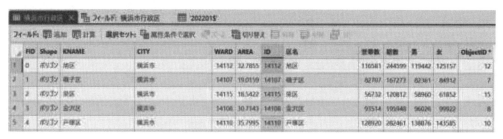

このように、テーブルが（仮想的に）結合されたことがわかります。

③ フィールドを追加して、人口密度を計算する

🖰1 「横浜市行政区」の属性テーブルに、新規に「人口密度」フィールドを追加します。

フィールド名：POP_DEN	エイリアス：人口密度
データタイプ：Float	数値形式：数値（桁数：6）

🖰2 「人口密度」フィールドで右クリック ＞ ［フィールド演算］

POP_DEN = 人口総数 / AREA

	W_ID	Shape	KNAME	FID	CITY	AREA	人口密度	ID	区名	世帯数	総数	男	女	ObjectID *
1	14112	ポリゴン	旭区	0	横浜市	32.7855	7460.56	14112	旭区	116581	244599	119442	125157	12
2	14107	ポリゴン	磯子区	1	横浜市	19.0159	8796.46	14107	磯子区	82707	167273	82361	84912	7
3	14115	ポリゴン	栄区	2	横浜市	18.5422	6515.52	14115	栄区	56732	120812	58960	61852	15
4	14108	ポリゴン	金沢区	3	横浜市	30.7143	6379.7	14108	金沢区	93514	195948	96026	99922	8
5	14110	ポリゴン	戸塚区	4	横浜市	35.7995	7890.08	14110	戸塚区	128920	282461	138876	143585	10
6	14111	ポリゴン	港南区	5	横浜市	19.9366	10785.5	14111	港南区	102575	214811	104557	110254	11

このように、計算結果が表示されます。

🖰3 「横浜市行政区」レイヤーで右クリック ＞ ［テーブルの結合とリレート］ ＞ ［すべての結合を解除］をクリックします。

'202201$'テーブルとの結合が解除されても、'202201$'テーブルのフィールド値（総数）を参照して計算した「人口密度」フィールドはそのまま保持されていることがわかります。

Question

Q1. 横浜国立大学のある保土ヶ谷区の人口密度は何人/km² で、横浜市の中で何番目に人口密度が高い区でしょうか？

A. ＿＿＿＿＿＿＿＿＿＿ 人/km² ＿＿＿＿＿＿＿＿ 番目

Step 3 人口密度をもとに特性図を作成する

Step2 で作成した人口密度＜POP_DEN＞フィールドを、区ごとに色分けした地図を作成してみましょう。

① シンボルの色分け表示

各フィーチャ（図形）の属性値によって、分類図を作成します。

🖱1 「横浜市行政区」レイヤーで右クリック ＞ ［シンボル］

🖱2 右側のシンボルウィンドウの［プライマリシンボル］で「等級色」を選択し、以下のような設定を します。必要に応じてシンボルを反転します。

［クラス］タブの［シンボル］で右クリックし、［シンボル順序の反転］

```
フィールド：＜人口密度＞
正規化：＜なし＞
方法：自然分類（Jenks）
クラス：5
```

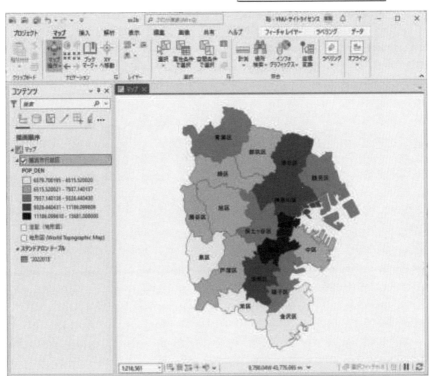

人口密度分布図（数値分類、自然分類）

　[プライマリシンボル] には他にも、[カテゴリ]・[チャート]・[複数属性] 表示など、特性を表現するための様々な方法が用意されています。それぞれの目的に合った手法で特性図を作成することが可能です。

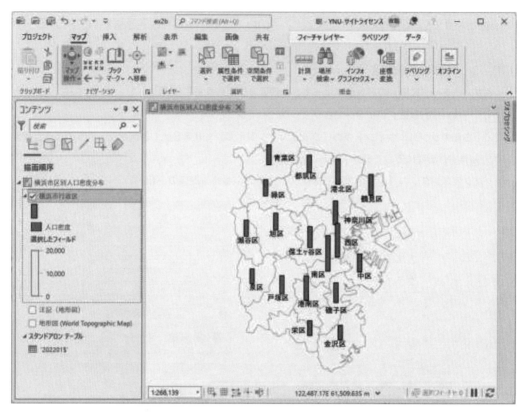

人口密度分布図（チャート、バー／カラム）

Step 4

構造別建物棟数をもとに特性図を作成する

　別途用意してある統計データ「構造別建物棟数」を利用して、各区の特性の違いがわかる地図を作成してみましょう。

① 新規マップの追加とデータの追加

　　　1　［挿入］ ＞ ［新しいマップ］

　　　2　追加されたマップビューで、マップを選択して右クリック ＞ プロパティ ＞ ［一般］
　　　　＞ 名前を「区別建物構造」に変更します。

　　　3　「区別建物構造」マップ上で右クリック ＞［データの追加］をクリックして、
　　　　「yokohama_wards_jgd2011.shp」と「横浜区別建物.xlsx」の「横浜区別建物$」シートを追加します。

　　　4　「yokohama_wards_jgd2011」レイヤーで右クリック ＞［プロパティ］＞ ［一般］
　　　　＞ 名前を「横浜市行政区」に変更します。

2A

2B

② 属性の結合（テーブル結合）

　　　5　「横浜市行政区」レイヤーで右クリック＞［属性テーブル］をクリックします。

　　　6　「横浜区別建物$」を右クリック＞［開く］をクリックします。
　　　　双方のテーブルに区コードが入力された「W_ID」フィールドがありますので、この
　　　　「W_ID」フィールドを共通のキーとして、テーブル同士を結合します。

　　　7　「横浜市行政区」レイヤー上で右クリック＞［属性の結合とリレート］＞［結合］をクリックし、下記のように設定して、［OK］ボタンを押します。

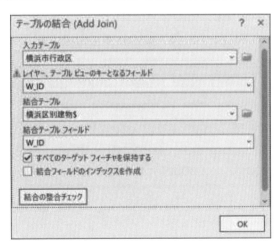

③　テーブル結合したフィーチャのエクスポート

　結合されたテーブルは、アプリケーション上で結合したように見えているだけで物理的にデータが結合したわけではないため、結合したテーブルの状態を保存したい場合にはエクスポートする必要があります。

7　「横浜市行政区」レイヤーで右クリック ＞ ［データ］ ＞ ［フィーチャのエクスポート
　　入力フィーチャ：　横浜市行政区
　　出力フィーチャクラス：　D:¥gis_pro¥ex2b¥ex2b.gdb¥横浜市行政区_結合.shp

8　「横浜市行政区_結合」レイヤーで右クリック ＞ ［属性テーブル］を開きます。
　　テーブル結合した状態で新たなシェープファイルが出力されたことがわかります。

9　「横浜市行政区」レイヤーで右クリック ＞ ［属性の結合とリレート］＞［すべての結合を解除］
　　テーブル結合が解除されたこと、新たにエクスポートした「横浜市行政区_結合」は結合されたままということを確認してください。

④　フィールドのエイリアス（別名）の作成

　結合されたフィールドの「KOUZOU0」、「KOUZOU1」などは、フィールドの意味が良くわかりません。各フィールドは次のような意味を持っています。

　作業しやすいように、テーブルのフィールド名にエイリアス（別名）をつけて、わかりやすく表示できるように設定します。

> KOUZOU0：不明
> KOUZOU1：木造
> KOUZOU2：非木造

10　「横浜市行政区_結合」のテーブルウィンドウの右上のメニューボタン ☰
　　＞ ［フィールドビュー］

11　［フィールドビュー］で「KOUZOU0」のエイリアス欄に「不明」と記入します。

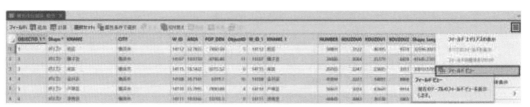

12　「KOUZOU1」、「KOUZOU2」に対しても、同様の作業を行います。

⑤　「建物棟数」と「構造別建物棟数」の特性グラフ表示

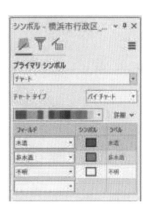

13　「横浜市行政区_結合」レイヤーで右クリック ＞ ［シンボ
ル］

14　［シンボル］ウィンドウで、プライマリシンボル：チャー
ト、チャートタイプ：パイチャートとします。

15　「木造」・「非木造」・「不明」フィールドを選択し、シンボ
ルの色を設定します。

さらに、建物棟数で円グラフの大きさも表現するようにします。

16　［シンボル］ウィンドウの［表示設定］で、サイズタイプは「選択した数値の合計」とし、
最小サイズは「25pt」とします。

17　［表示オプション］で、方向を「時計回り」に設定、「3Dで表示」に☑します。

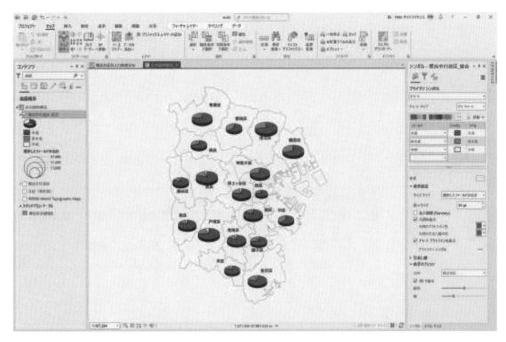

Step
5
各自で作成した特性図をレイアウトする

演習 2A で習得したレイアウトの手法を用いて、各自で作成した特性図をレイアウトしてみましょう。

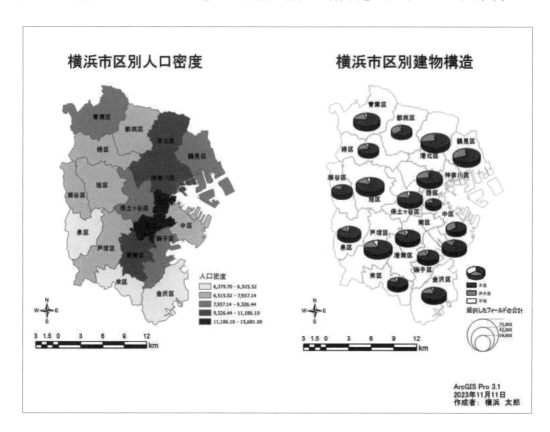

Answer

Q1. 横浜国立大学のある保土ヶ谷区の人口密度は何人/km² で、横浜市の中で
何番目に人口密度が高い区でしょうか？

A.　　9,326.44 人/km²　　　　　　　6　番目

第3章　　ラスター解析の基礎

演習 3A　　イメージデータのジオリファレンス

Course Schedule

Step	項目	おおよその必要時間		
		1回目	2回目	3回目
Step1	ジオリファレンスとは	5分	（　）分	（　）分
	📖 ワールドファイル			
Step2	ジオリファレンス（幾何補正）の実行	15分	（　）分	（　）分
	①　イメージデータの追加			
	②　コントロールポイントの追加			
	📖 コントロールポイント			
	③　RMS エラーの確認			
	📖 RMS エラー			
	④　ジオリファレンスの更新			
	⑤　リサンプリング			
	📖 レクティファイ			
Step Up 1	参照座標値が既知の場合の幾何補正	5分	（　）分	（　）分
Step Up 2	ジオリファレンスを繰り返し行う場合	5分	（　）分	（　）分

3A

3B

Introduction

本章ではラスターデータの基礎を学びます。はじめにベクターデータとの比較をしてみます。

1. ラスターデータ

ラスターデータは一般に、"イメージ" ラスターデータおよび "主題" ラスターデータの2つに分類することができます。

"イメージ" ラスターデータは、衛星や航空機によるリモートセンシング画像や写真をスキャンした画像など、光またはエネルギーの反射・放射を表しています。皆さんになじみが深いところではデジタル・カメラの画像が挙げられます。

一方、本演習で扱う解析ツール "ArcGIS Spatial Analyst" は主に、"主題" ラスターデータを扱います。これは計測の対象となる何からの量や標高などの地表面を解析・表現したり、汚染濃度や人口などの特定事象をクラスごとに分類した値を表したりすることに適しています。

"イメージ" ラスターデータ

（航空写真）

"主題" ラスターデータ

（土地利用）

2. データ構造

　ラスターデータは2次元平面を細かい格子（セル）に分割して表現されます。セルは、ラスターデータ内の基本的な空間要素です。ラスターデータ内でのセルはすべて同じ大きさの正方形であり、その位置の空間的な値を表現する二値または多値の数値を格納しています。

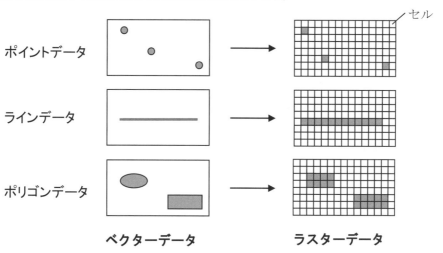

3. 不連続データと連続データ

　オブジェクトの位置や境界を厳密に定義できるものを扱う（定義して扱いたい）場合にはベクターデータが適しています。たとえば、観測地点や電信柱の位置に対してはポイントデータ、道路や河川、電線に対してはラインデータ、ビルや土地区画などに対してはポリゴンデータなどで表現できます（道路や河川をポリゴンデータとして扱ったり、建物施設の位置をポイントデータで扱ったりすることもあります）。

　一方、境界の定義が難しいもの・曖昧なもの、連続的に変化する空間現象の表現にはラスターデータが適しています。たとえば、標高や気温、降水量、距離、工場から拡散する危険物質の汚染レベルなどがあります。ただし、ラスターデータの中でも特定のテーマに基づいて作成された主題データでは不連続データを扱います。例えば、土地利用や植生図などカテゴリに割り振られた番号（コード）を割り当てて表現したものが相当します。

ベクターデータ

（不連続データ：建物、道路、計測点）

ラスターデータ

（連続データ：標高）

4. **ラスターデータの特徴**

- ベクターデータで表現していた地物を、セルを単位とした統一形式で簡素に表現できる。
- セルサイズ（セルの一辺の長さ）を用途に応じて任意に設定できる。
  - 同一範囲のデータセットの場合、セルサイズを小さくするほど解像度は高まるが、データ容量も大きくなる。
  - 入力や変換の元となるデータセットの解像度よりも小さいセルサイズを設定しても、空間分解能やレベル分解能が向上するわけではない。
- モデルが単純なため、一般的にはベクターの解析処理よりも計算負荷が低く、処理時間が早い。
- 複数のレイヤーを重ね合わせた高度な解析が行える。
  - 異なるセルサイズのラスターデータ間でもマップ演算を行うことが出来る。
- 隣接セルや近接セルの状況から、密度や地形などの空間的な特徴を表すデータセットを作成できる。

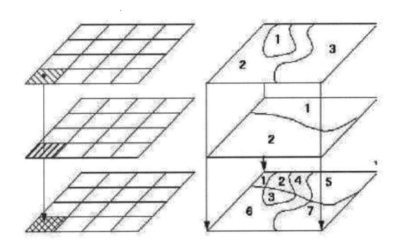

　それでは、"イメージ" ラスターデータを読み込む方法について実践していきます。GIS（地理情報システム）を用いてデータ作成・解析を行う際、イメージデータ（紙地図のスキャン画像、航空写真、リモートセンシング衛星画像 etc...）を扱う機会が度々あります。しかし、スキャナで所得した画像など通常のイメージデータは、地球上でどの位置を指しているかという情報が含まれていないため、そのままでは他のレイヤーと重ね合わせて表示や解析を行う事が出来ません。

　この演習では、空中写真画像に対してジオリファレンス機能を用いて、イメージデータに地理参照（座標系）を与える方法を学びます。

3A

3B

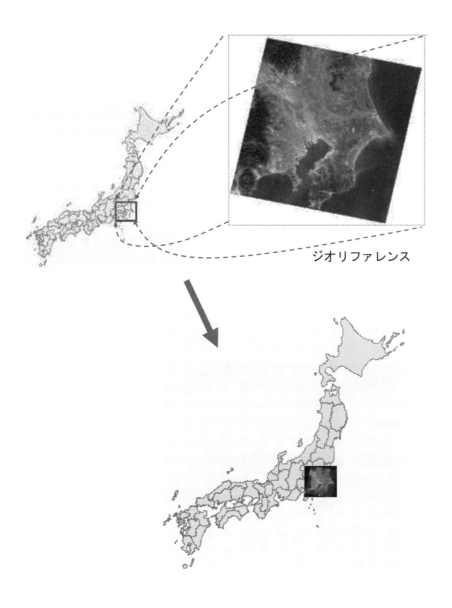

ジオリファレンス

Goals

この演習が終わるまでに以下のことが習得できます。

内容	詳細
ジオリファレンスとは	ジオリファレンスによる地理参照の定義手順と、アフィン変換を理解する
コントロールポイントの追加	イメージデータの移動元と移動先を指定する
RMS エラーの確認	RMS エラーを指標として、ジオリファレンスの誤差を確認する
ジオリファレンスの更新	イメージデータの幾何補正情報を保存する
レクティファイ	ジオリファレンスした結果から、新たにイメージデータを作成する
画像の四隅の座標が既知の場合	コントロールポイントを、座標値で設定する方法

Data

この演習では次のデータを使用します。

主題	データ形式	図形タイプ	データソース	出典
水涯線	Shapefile	Line	ex3a/data/kibann2500/turumiku/WL	基盤地図情報2500から作成
道路縁	Shapefile	Line	ex3a/data/kibann2500/turumiku/RdEdg	基盤地図情報2500から作成
町字界線	Shapefile	Line	ex3a/data/kibann2500/turumiku/CommBdry	基盤地図情報2500から作成
建築物の外周線	Shapefile	Line	ex3a/data/kibann2500/turumiku/BldL	基盤地図情報2500から作成
軌道の中心線	Shapefile	Line	ex3a/data/kibann2500/turumiku/RailCL	基盤地図情報2500から作成
空中写真	JPEG	Raster	ex3a/data/turumi	鶴見区周辺航空写真※1

※1　国土地理院「1/25000 空中写真」→空中写真閲覧サービスでの試験運用は終了しています。国や自治体などの各機関・組織が保有している航空写真（空中写真）は例えば、「G 空間情報センター」（https://front.geospatial.jp/）で検索することが出来ます。

ジオリファレンスとは

ジオリファレンスとは、イメージデータに対して、地球上での位置情報（地理参照）を登録することです。ジオリファレンスされたイメージデータは、他の地理データとの重ね合わせ表示や解析が可能になります。

ジオリファレンスの一般的な手順は、①既存地図の任意の地点と、その地点に対応するイメージデータの場所を関連付け、②それらの情報を元に変換処理をして、③画像を正しい位置に登録します。

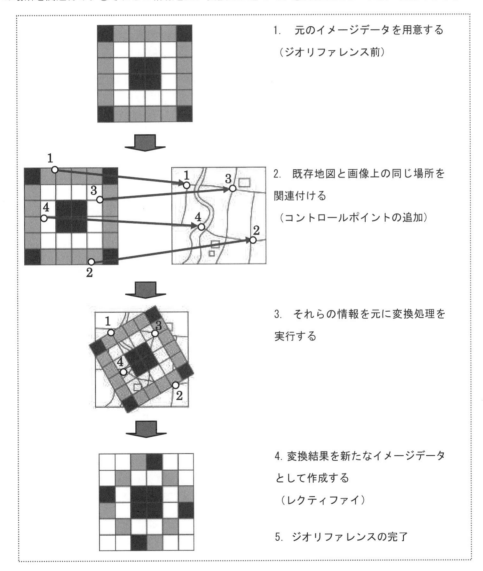

1. 元のイメージデータを用意する
（ジオリファレンス前）

2. 既存地図と画像上の同じ場所を関連付ける
（コントロールポイントの追加）

3. それらの情報を元に変換処理を実行する

4. 変換結果を新たなイメージデータとして作成する
（レクティファイ）

5. ジオリファレンスの完了

🔔 注意

既に正確な地理座標が与えられているイメージに対しジオリファレンスを行っても、その精度を低下させるだけで逆効果となってしまうので注意してください。

ジオリファレンス（幾何補正）でよく使用される変換処理にアフィン変換（Affine ransformation:1 次多項式変換）があります。変換元の座標値を(x,y)、変換後の座標値を(x',y')とすると、アフィン変換は次式で書き表すことができます。

$$\begin{pmatrix} x' \\ y' \end{pmatrix} = \begin{bmatrix} a_1 & b \\ a_2 & b_2 \end{bmatrix} \times \begin{pmatrix} x \\ y \end{pmatrix} + \begin{pmatrix} d_1 \\ d_2 \end{pmatrix}$$

この式において、幾何学的には、変換御主要部分の 2×2 の正方行列が回転と変形（伸縮・歪み）とを処理し、残りが並行移動の成分を表します。アフィン変換は、2 つの直行行列座標系において、回転・伸縮・歪み・移動により位置を変換する方法です。このアフィン変換において、並行な 2 つの直線を変換すると、2 つの直線の並行が維持されます。また、線分の中点は変換後の線分でも中点となります。線分上の全ての点は、変換後も線分上に配置されます。

ジオリファレンスの際に、2 次多項式変換、3 次多項式変換などにより高次の多項式変換を利用することもできます。一般に、イメージデータを移動・変形（伸縮・歪み）・回転する必要がある場合はアフィン変換を、屈曲または湾曲する必要がある場合には 2 次多項式変換あるいは 3 次多項式変換を使用します。

アフィン変換に「歪まない」という条件（ $a_1 = b_1, b_1 = -a_2$ ）を適用すると、相似変換になります。

上式を $a_1 = A \times \cos(p)$ 、 $b_1 = A \times \sin(p)$ を用いて表すと、次のような相似変換の式になります。

$$\begin{pmatrix} x' \\ y' \end{pmatrix} = \begin{bmatrix} \cos(p) & \sin(p) \\ \sin(p) & -\cos(p) \end{bmatrix} \times \begin{pmatrix} x \\ y \end{pmatrix} + \begin{pmatrix} d_1 \\ d_2 \end{pmatrix}$$

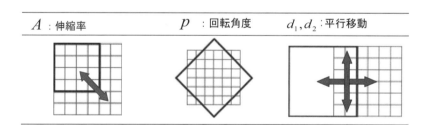

A ：伸縮率　　　p ：回転角度　　　d_1, d_2 ：平行移動

📖　ワールドファイル　**WORLD FILE**

イメージデータの位置参照情報は、通常ワールドファイルに記述されます。ワールドファイルとは、アフィン変換で用いられる各パラメータ値を格納したテキストファイルです。ワールドファイルは、イメージデータと同じディレクトリ階層に保存される必要があり、通常イメージデータのファイル名に”w”が添付された拡張子が付けられます。

（例　TIFF: *.tiff→*.tfw　　JPEG: *.jpg→*.jgw）

ArcGIS では[ジオリファレンス]で幾何補正を行うことで、ワールドファイルが自動的に作成されます。

ジオリファレンス（幾何補正）の実行

① イメージデータの追加

🖱1 データのダウンロードを行い、解凍したフォルダのプロパティからサブフォルダも含めて読み取り専用を解除します。以降では、ダウンロードされたデータが、「D:¥gis_pro¥ex3a」フォルダにコピーされているものとして説明します。

🖱2 「ex3a」フォルダにあるマップドキュメントファイル「ex3a.aprx」をダブルクリックします。

次に、ジオリファレンスを行うイメージデータを追加します。

🖱3 [マップ]タブの [データの追加]ボタン ➕ で、「D:¥gis_pro¥ex3a¥data¥tsurumi.jpg」を選択して、[OK]ボタンをクリックします。

追加したイメージデータは、現在の表示範囲内に存在していません。どこに表示されているのかを確認するために、マップを全データ範囲で表示します。

🖱4 [マップ]タブの[ナビゲーション]にある [全体表示] ボタン 🌐 をクリックします。

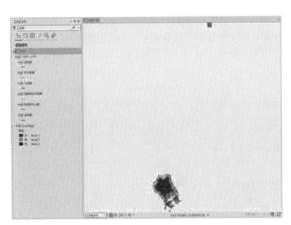

イメージデータは、地理参照が定義されていないため、実際の位置とは明らかに異なる位置に表示されています。

> 🔔 **注意**
> この地理参照が定義されていないイメージデータは、その原点（画像の左上端）と現在のマップの原点とは一致するように表示されます。この演習で利用しているマップの座標系は「平面直角第9系」で、その原点となる千葉県野田付近にイメージデータが追加されています。

次に、互いのレイヤーの共通地点を容易に比較できるように調整をします。

5　[コンテンツ]の「ベクターレイヤー」グループレイヤーで右クリック ＞[レイヤーにズーム]をクリックします。

6　[コンテンツ]の「turumi.jpg」をクリックして、[画像]タブにある[ジオリファレンス（の開始）] 　　で、[ジオリファレンス]タブを表示します。

7　[表示範囲にフィット] ボタン 　　をクリックします。

　互いのレイヤーがある程度近づきました。共通地点を同一画面上で目視しやすくするために、同じ程度の縮尺でベクターレイヤーと重なったり、横並びになったりするように、データビュー内での表示範囲を調整します。比較しやすさを確保するための作業なので、「表示範囲にフィット」させずに、次のコントロールポイントの追加へ進んでも構いません。

8　[マップ]タブの[ナビゲーション]にあるボタンでベクターレイヤーの表示位置を調整し、再度ラスターデータの表示位置を[表示範囲にフィット]ボタンで修正します。この作業を共通地点が認識しやすい状態になるまで繰り返します。（この時点でピッタリ重ねる必要は全くありません）

[拡大]ボタン

[縮小]ボタン

[マップ操作]ボタン

3A

3B

② コントロールポイントの追加

　現在位置が分かっている場所と画像上で対応する場所とを関連付けるためのコントロールポイントを
追加します。

📖　コントロールポイント　CONTROL POINT

共通の地点として認識しやすい場所として、橋、河川、陸上と海の境界点、インターチェンジ、大規模な交差点などが
あります。

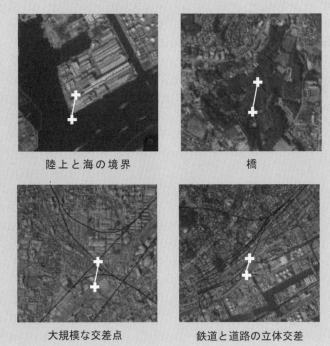

陸上と海の境界	橋
大規模な交差点	鉄道と道路の立体交差

ラスター解析の基礎

コントロールポイントは最低4つ以上追加します。なお、コントロールポイントはイメージデータ上の地点からベクターレイヤー上の地点へドラッグして追加します。また、イメージデータの周辺部から中心部へ、さらにジグザグに配置するとズレを少なくさせることが出来ます。

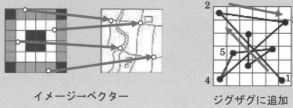

イメージ→ベクター　　　ジグザグに追加

🖱1　コントロールポイントの目安となり易い場所を拡大表示します。

🖱2　[ジオリファレンス]タブの[コントロールポイントの追加]ボタン ⊕ をクリックした後に、イメージ⇒ベクターの順で対応する場所をクリックします。

🖱3　操作🖱2を4回以上繰り返します。

③ RMS エラーの確認

　　ジオリファレンスによる変換誤差は RMS エラー（Root Mean Square Error）を参考にして確認します。通常 RMS エラーが低い場合、変換誤差が少ないことを意味します。（但し、コントロールポイントが十分でない場合、変換誤差に対して RMS エラーが低く見積もられる場合があります。）

　　RMS エラーは、[リンクテーブル] で確認します。RMS エラーが十分に低くないときは、RMS エラーを高くさせる要因となる残差の大きいリンクを削除し、新たなコントロールポイントを追加して修正します。

　　🖱1　[ジオリファレンス]タブの[コントロールポイント テーブル]ボタン 🞖 をクリックし、[リンクテーブル]ウィンドウを表示します。

全体の RMS エラー

残差

　　🖱2　残差の大きいリンクをクリックして選択し、[選択セットの削除] 🞖 ボタンで消します。

　　🖱3　必要に応じて、コントロールポイントの追加と RMS のチェックを繰り返します。

📖　　RMS エラー　Root Mean Square Error

　RMS エラーは残渣の 2 乗平均平方根からもとめられ、通常 RMS エラーの値が低いほど変換誤差（歪み）が少ないことを意味します。その単位はマップの単位で算出されます。推奨値はラスターセルサイズの 0.5〜1.5 倍の値です。

3A

3B

④　ジオリファレンスの更新

　十分な RMS エラー値を得ることが出来たら、ジオリファレンスの更新を行います。これにより、新た
なワールドファイルがイメージデータのディレクトリに生成され、リアルタイムに使用できるようになり
ます。

　　🖰1　[ジオリファレンス]タブの [保存]ボタン 💾 をクリックします。

　　🖰2　エクスプローラで「D:¥gis_pro¥ex3a¥data」を開き、「turumi.jgwx（および turumi.jpg.aux.xml）」
　　　　ファイルが新たに作られたことを確認します。

⑤　リサンプリング

　さらに、変換情報に基づきピクセルを並べ替えるリサンプリング（ジオリファレンス後の変形し傾いたセ
ルを新たな水平垂直のセルに切り直す）して、新しい画像ファイルを作成します。表示するだけならば必
要ないのですが、解析を行う場合はジオリファレンス後、リサンプリングを行っておく必要があります。

📖　　リサンプリング

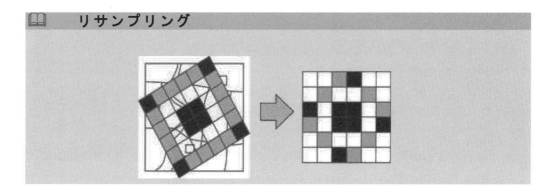

　　🖰1　[ジオリファレンス]タブの[新規保存]をクリックし、以下の条件を入力して[エクスポート]を
　　　　クリックします。

　　　　【設定条件】

　　　　出力ラスター データセット　：D:¥gis_pro¥ex3a¥turumi_rspl.tif

　　　　座標系　　　　　　　　　　：JGD_2011_Japan_Zone_9

　　　　　　　　　　　　　　　　　　※「平面直角座標系第 9 系（JGD2011）」のこと

　　　　セルサイズ　　　　　　　　：X=5、Y=5

　　　　出力フォーマット　　　　　：TIFF

　　🖰2　[ジオリファレンス]タブの[ジオリファレンスを終了]をクリックします。

　　🖰3　[コンテンツ]で「turumi.jpg」のチェックを外します。

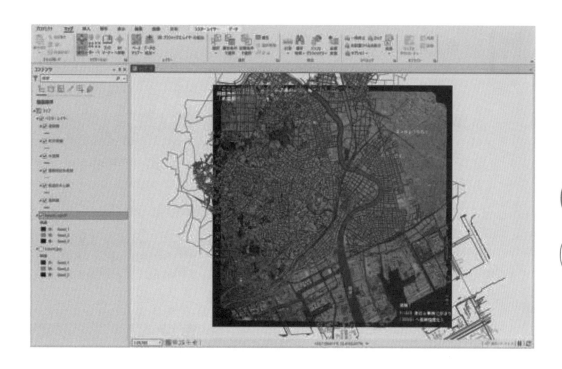

3A

3B

　お疲れ様でした。あなたはジオリファレンス機能を用いて、イメージデータに地理参照を与えて、ベクターレイヤーと同一のマップ上で重ね合わせを行う事ができました。ジオリファレンスすることによって、紙地図のスキャニング画像をベースにしたデジタイジング（デジタル化）やイメージ解析などを行う準備が整います。

🔔 **注意**

　この演習では、幾何補正方法の内最もシンプルであるアフィン変換（一次多項式変換）を用いています。データや解析の種類によっては、建物の倒れこみや標高・センサ角度による歪みを解消する為に、より高度な補正を行う必要があります。

　代表的な幾何補正にオルソ幾何補正があり、オルソ幾何補正後の航空写真や衛星画像が販売されています。

Step Up 1　参照座標値が既知の場合の幾何補正

Question1
ジオリファレンスを行うときに、コントロールポイントとして参照すべき道路や鉄道のベクターデータが必ずしも手に入るわけではありません。しかし、入手可能な紙地図や画像としての電子地図には、その四隅の座標値が明らかになっている場合があります。これらの情報を元にしてコントロールポイントを打つことは可能でしょうか？

🔔 ヒント
コントロールポイント終点入力時に右クリック

Question2
その際に注意しなければならないのは単位です特に緯度経度の場合「度分秒」であらわされている場合と、「10進法」で表されている場合が考えられます。次の等式の（　）を埋めてみましょう。

$$142°26'30'' = 142 + \frac{26}{(\quad)} + \frac{30}{(\quad)}$$

🔔 ヒント
1°=60分、1分 =60秒

| Step Up 2 | ジオリファレンスを繰り返し行う場合 |

地図範囲および縮尺が同一である複数のイメージデータに対して幾何補正を行いたい場合、イメージデータ毎にコントロールポイントを作成するのは手間がかかります。

ここでは、効率的にジオリファレンスを繰り返すために、「コントロールポイントのエクスポート」で作成したテキストファイルを、「コントロールポイントのインポート」で、ほかの画像ファイルに適用する手順を確認してみましょう。

3A

3B

🖰1　「turumi.jpg」レイヤーを選び、[ジオリファレンス]タブをクリックします。

🖰2　[コントロールポイントのエクスポート]ボタン ⊕→ をクリックし、data フォルダ内へテキストファイルを保存します。「ジオリファレンスを終了」ボタンから、「turumi.jpg」レイヤーに対するジオリファレンスを終了します。

🖰3　「data」フォルダ内の「turumi.jpg」を複製し、マップに追加します。

🖰4　複製したイメージデータに対して、Step2 の手順を参考に[ジオリファレンス]タブを表示します。

🖰5　「コントロールポイントのインポート」ボタン ⊕↓ をクリックし、Step Up2 の手順 🖰2 で保存したテキストファイルを読み込みます。

複製したイメージデータが、ベクターデータと重なる位置に幾何補正されました。

Step Up1 の Answer

A1. できる。コントロールポイント終了入力時に右クリック ＞ ［入力 X, Y］

ターゲット座標   □   ✕

X: -14897.932283 ⌃⌄   Y: -54380.604724 ⌃⌄   ☐ 座標を DMS で表示

OK   キャンセル

A2. $142°26'30'' = 142 + \dfrac{26}{(60)} + \dfrac{30}{(60 \times 60)}$

※ さらに、十進緯度経度座標を平面直角座標に変換する際には、既存のウェブサービスを用いることができます。

第3章　　ラスター解析の基礎

演習 3B　　サーフェス解析

Course Schedule

Step	項目	おおよその必要時間		
		1回目	2回目	3回目
Step1	データの用意	5分	（　）分	（　）分
Step2	解析環境の設定	5分	（　）分	（　）分
	📖 解析範囲とマスク			
Step3	雨量観測データの内挿（補間）	15分	（　）分	（　）分
	① IDW による内挿補間			
	② スプラインによる内挿補間			
Step4	サーフェス解析	15分	（　）分	（　）分
	① 解析の準備			
	② 標高グリッド（dem）の作成			
	③ サーフェス解析			
Step5	集水域の作成　－支流単位での集水域―	20分	（　）分	（　）分
	① 微小な凸凹の除去 [Fill]			
	② 流向の計算 [Flow Direction]			
	③ 累積流量の計算 [Flow Accumulation]			
	📖 Flow Accumulation のオプション（入力加重ラスター）			
	④ 河川グリッドの作成 [Con]			
	⑤ 支流グリッドの作成 [Stream Link]			
	⑥ 集水域の作成 [Watershed]			
Step Up	任意サイズ、河川単位、調査地点単位での集水域の作成	15分	（　）分	（　）分
	① 任意サイズでの集水域の作成			
	② 河川単位での流域の作成			
	📖 流域の一括作成 [Basin]			
	③ 調査地点単位での流域の作成			
	📖 集水域の作成について			

3A

3B

Introduction

　ArcGIS のエクステンション機能 Spatial Analyst は、ラスター解析などの各種演算処理の組み合わせ方により、一つのデータをさまざまな角度から分析し、多様なデータを生成することができます。本演習ではその一例として、内挿補間、サーフェス解析、標高データから集水域グリッドデータを作成する流れを学びます。

Goals

この演習が終わるまでに以下のことが習得できます。

内容	詳細
補間手法	複数の手法で内挿補間を行い、各手法の特徴を把握します。
サーフェス解析	等高線・傾斜角・傾斜方向・陰影起伏など地形の特徴を表すラスターデータセットを作成します。
ラスター変換	標高ポイント・フィーチャ（ベクターデータ）を標高グリッド（ラスターデータ）へ変換します。
[Fill]（凸凹の除去）	標高グリッドの中にある微小な凸凹を除去します。
[Flow Direction] (流向グリッドの生成)	標高グリッドの各グリッドにおいて、水がどの方向へ流れるかを計算し、流向グリッドを生成します。
[Flow Accumulation] （累積流量グリッドを生成）	流向グリッドにもとづき、累積流量（累積セル数）グリッドを生成します。
[Con]（閾値の設定）	累積流量グリッドから、河川グリッドを生成するための閾値を設定します。
[Stream Link] （支流に分ける）	河川グリッドを支流ごとへ分割します。
[Basin]	河川流域データを生成します。
[Watershed]	集水域データを生成します。

Data

この演習では次のデータを使用します。

主題	データ形式	図形タイプ	データソース	出典
横浜市行政界	Shapefile	Polygon	ex3b/data/Yokohama.shp	国土地理院数値地図2500から作成
雨量観測点	Shapefile	Point	ex3b/data/rain_July.shp	独自に作成
保土ケ谷区行政界	Shapefile	Polygon	ex3b/data/boundary.shp	基盤地図情報（基本項目）から作成
標高（50m間隔）	Shapefile	Point	ex3b/data/hyoko.shp	数値地図50mメッシュ
河川	Shapefile	Line	ex3b/data/river.shp	国土数値情報（河川データ）から作成

3A

3B

作業手順（Step4〜5・StepUp）

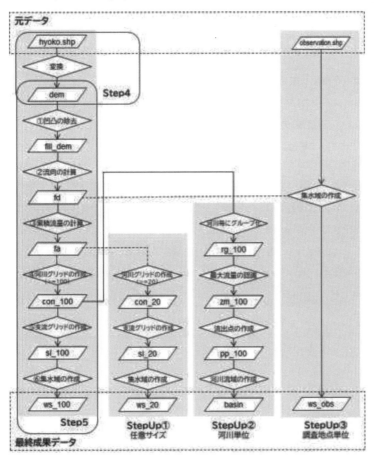

Step 1 データの用意

□1 演習データのダウンロードを行い、解凍したフォルダーのプロパティからサブフォルダも含めて読み取り専用を解除します。以降では、ダウンロードされたデータが、「D:¥gis_pro」フォルダーにコピーされているものとして説明します。

□2 [ArcGIS Pro] を起動します。最初に新しいプロジェクトの作成画面が表示されるので、「マップ」を選択し、以下のように設定して [OK] ボタンを押します。

> 名前：ex3b
>
> 場所：D:¥gis_pro
>
> ☑ このプロジェクトのために新しいフォルダーを作成（←チェックを入れる）

□3 [マップ]タブの [データの追加]ボタン > [データ]で、下記の2データをマップに追加します。データの投影座標系は、平面直角座標系第9系（JGD2011）です。

> D:¥ gis_pro¥ex3b¥data¥Yokohama.shp　（横浜市行政界ポリゴン）
>
> D:¥ gis_pro¥ex3b¥data¥ rain_July.shp　（雨量観測点ポイント）

□4 マップの座標系を確認します。

コンテンツウィンドウの[マップ]で右クリック > [プロパティ]を選択して、マッププロパティを開きます。[座標系]の[現在の XY]が「平面直角座標系 第9系（JGD2011）」であること、[一般]の[マップ単位]と[表示単位]が「メートル」であることを確認してください。

📖 **注意**

空のマップは、最初に追加されたレイヤーから座標系を取得します。マップの座標系やマップ単位・表示単位が上記と異なっている場合は、□3 の操作前に、地理座標系の異なるデータを追加した可能性があります。この場合、マップのプロパティ上で、座標系（現在の XY）を、[使用可能な XY 座標系]から選び直し、平面直角座標系 第9系（JGD2011）を指定した後、[マップ単位]と[表示単位]を「メートル」に指定してください。

<table>
<tr><td>Step
2</td><td>解析環境の設定</td></tr>
</table>

　ラスター解析では、拡張機能（エクステンション）である［Spatial Analyst］を用います。エクステンションを使用するライセンスがある場合は、その機能をすぐに使用できます。まず、該当エクステンションが使用可能か確認した後、解析環境を設定します。

🖱1　［プロジェクト］タブ ＞ 画面左側のタブ［ライセンス］をクリックします。［ライセンス］ページの［Esri エクステンション］の下に、全ての ArcGIS Pro エクステンションがリスト表示され、［ライセンス］列の［はい］［いいえ］の値は、エクステンションの使用ライセンスが付与されているかを示しています。ここで［Spatial Analyst］が［はい］であることを確認してください。［Spatial Analyst］が［いいえ］の場合、本演習内容を実施できません。

🖱2　ラスター解析を行うための環境設定を行います。［解析］タブ ＞ ［ジオプロセシング環境］ボタン 🔧環境 をクリックすると、［環境］ウィンドウが現れるので、以下の設定条件を入力します。

（設定条件）

大項目	項目	選択・入力内容
［ワークスペース］	現在のワークスペース※ テンポラリーワークスペース※	ex3b.gdb（デフォルト） ex3b.gdb（デフォルト）
［ラスター解析］	セルサイズ セルサイズ投影法 マスク セル配置	50（m） 単位の変換（デフォルト） Yokohama デフォルト値（デフォルト）
［処理範囲］	範囲	レイヤーと同じ：Yokohama を選択 （自動的に指定範囲が入力されます）

※ワークスペースはパス（D:¥gis_pro¥ex3b¥ex3b.gdb）を略したかたちで表示されます。

📖 **注意**

「ラスターデータを取り扱う上で使用できるファイル名とフォルダー名の制限事項」の詳細については、ESRI ジャパンサポートサイトの FAQ で確認できます。

📖 **解析範囲とマスク**

範囲の環境を反映するツールは、この設定で指定された範囲内のフィーチャまたはラスターだけを処理します。また、解析マスクを設定すると、マスク内に含まれる場所でのみ処理が実行され、その外側すべての場所には出力時に No Data 値が割り当てられます。マスクの環境は、ラスターを出力する Spatial Analyst、Image Analyst、および Geostatistical Analyst エクステンションツールに適用されます。さらに 3D Analyst エクステンションのラスターの内挿、ラスターの算術演算、ラスターの再分類、およびラスター サーフェスツールセットの、ラスターを出力するツールにも適用されます。

Step 3

雨量観測データの内挿（補間）

内挿（補間）：限られた数のサンプルデータ・ポイントから、ラスター内の一連のセル値を予測する手法です。標高、雨量、化学物質の濃度、騒音レベルといった離散的なサンプルポイントから得られた情報をモデルに基づき対象エリア全体で面的に推定する際に使用します。

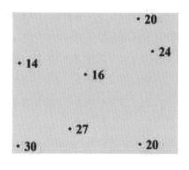

既知の値から構成される
ポイント・データセット

ポイント・データセットを使って、一連の内挿が実行された後のラスター（グリッド）・データセット。太枠は、入力ポイントと重なる位置にあるセルを示しています。

本演習では、横浜市内の 24 箇所で測定したある年の月間雨量データを用いて、市内全域における降雨量の推定を行います。ArcGIS Spatial Analyst の内挿（補間）機能を使うことで、24 箇所という限られた観測点の近傍だけでなく、市内全域における雨量を把握（推定）し、面的に可視化することが可能になります。
[IDW]と[スプライン]の 2 種類の補間方法を使い、その違いを確認しましょう。

① IDW による内挿補間

🖱1　[解析]タブ ＞ [ツール]ボタン 🔧 、または、[表示]タブ ＞ [ジオプロセシング]ボタン
🔧 ジオプロセシング でジオプロセシングウィンドウを開き、[ツールボックス] ＞ [Spatial Analyst ツール] ＞ [内挿] ＞ [IDW]を選択します。

3A
3B

🖱2　[パラメーター] タブ内を以下のように設定して [実行] ボタンをクリックします。
[環境] タブで、Step2 で設定した解析環境を変更することも可能です。
（点線で囲まれた部分はデフォルト値を使用して下さい。）

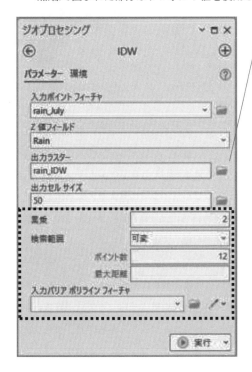

出力ラスターは
D:¥gis_pro¥ex3b¥ex3b.gdb¥rain_IDW
を略した形で表示されます。

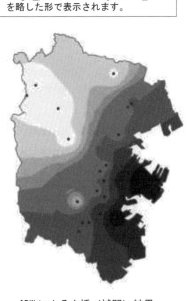

IDW による内挿（補間）結果

② スプラインによる内挿補間

🖱3　[解析]タブ ＞ [ツール]ボタン 🔧 、または、[表示]タブ ＞ [ジオプロセシング]ボタン
🔧 ジオプロセシング でジオプロセシングウィンドウを開き、[ツールボックス] ＞ [Spatial Analyst ツール] ＞ [内挿] ＞ [スプライン (Spline)]を選択します。

🖱4　［パラメーター］タブ内を以下のように設定して［実行］ボタンをクリックします。

（点線で囲まれた部分はデフォルト値を使用して下さい。）

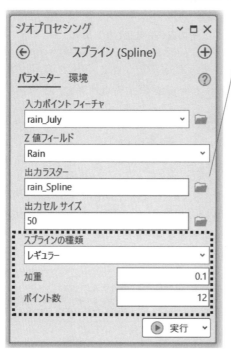

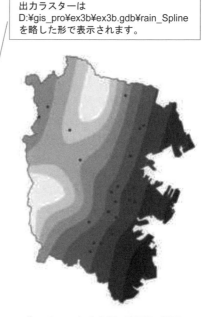

出力ラスターは
D:¥gis_pro¥ex3b¥ex3b.gdb¥rain_Spline
を略した形で表示されます。

スプラインによる内挿（補間）結果

　以上より、同じ入力サンプルポイント・データでも、選択する補間方法で結果が大きく異なることが確認できたと思います。

　IDW（Inverse Distance Weighted）法による内挿補間は、①入力サンプルポイントへの距離が近いほど入力サンプルポイントの値が反映される、②入力サンプルポイントの最大値と最小値を超えて補間されない、という特徴があります。IDW で最良の解析結果を得るには、解析範囲で十分な密度を持ったサンプリング・ポイントデータセットがある必要があります。もし、入力サンプルポイントが"疎ら"だったり、"偏っている"場合には望むような結果とならない場合があります。

　スプライン法による内挿補間は、全体を滑らかに（曲率を最小に）するための数学関数を用いて値を推定し、入力サンプルポイントを確実に通過する滑らかな補間結果（サーフェス）が得られます。スプラインは概念的に、一連の入力サンプルポイントを通すためにゴム・シートを曲げて、サーフェスの全体曲率を最小化するようなものです。よって、スプライン法は、①サーフェスは一連のサンプルポイントを確実に通る、②入力サンプルポイントの最大値・最小値を越える値を外挿することがある、という特徴をもちます。標高・地下水の水位・汚染濃度・気温など緩やかに変化するサーフェスに適しています。

　また、１つの補間方法でも選択変数により結果が異なります（たとえば、スプライン手法には"レギュラー"と"テンション"という選択変数があります）。解析目的に応じた方法と変数を選んでください。

サーフェス解析

ラスター解析では、元のデータセット内の特定のパターンを明確にするような新しいデータセットを生成し、別の情報を得ることができます。例えば、数値標高モデル（DEM）に基づくサーフェス・ラスターデータからは、コンター（等高線）・傾斜角・斜面の傾斜方向・凹凸の陰影（陰影起伏）などの地形に関するデータセットを作成することで、それらのパターンを明確にできます。ここでは、以下の手順を参考に、必要なパラメーターについては各自で考えながら「サーフェス解析機能」を実行してみましょう。

3A

3B

① 解析の準備

🖱1 ［挿入］タブ ＞ ［新しいマップ］ ボタンで新しいマップ作成し、下記の２データをマップに追加します。

> D:¥ gis_pro¥ex3b¥data¥boundary.shp （保土ケ谷区行政界ポリゴン）
>
> D:¥ gis_pro¥ex3b¥data¥hyoko.shp （標高ポイント）

🖱2 コンテンツウィンドウの［マップ2］で🖱クリック ＞ ［プロパティ］を選択して、マッププロパティを開き、［座標系］の［現在の XY］が「平面直角座標系 第9系（JGD2011）」であること、［一般］の［マップ単位］と［表示単位］が「メートル」であることを確認してください。

🖱3 解析処理範囲等を保土ケ谷区域に変更します。［解析］タブ ＞ ［ジオプロセシング環境］ボタン 🔧環境 をクリックして［環境］ウィンドウを開き、以下のとおり設定します。

（設定条件）

大項目	項目	選択・入力内容
［ラスター解析］	セルサイズ	60（m）
	マスク	boundary
［処理範囲］	範囲	レイヤーと同じ：boundary を選択
		（自動的に指定範囲が入力されます）

② 標高グリッド（dem）の作成

横浜市保土ケ谷区域の数値標高ポイント「hyoko.shp」から、標高グリッド「dem」を作成します。

🖱4 ［解析］タブ ＞ ［ツール］ グループの［解析ツールギャラリー（データの変換）］を展開し、［フィーチャ→ラスター］ ボタン 🖼 をクリックして、ジオプロセシング（フィーチャ→ラスター）ウィンドウを立ち上げ、［パラメーター］タブ内を以下のように設定して［実行］します。

（設定条件）

> ・入力フィーチャ：hyoko
>
> ・フィールド：ELEV
>
> ・出力ラスター：dem （D:¥gis_pro¥ex3b¥ex3b.gdb¥dem）
>
> ・出力セルサイズ：60（m）

※［フィーチャ→ラスター］変換ツールは以下の手順で使用することもできます。

まず、［解析］タブ ＞ ［ツール］ボタン 📷 、または、［表示］タブ ＞ ［ジオプロセシング］ボタ

ン ▣ジオプロセシング でジオプロセシングウィンドウを開きます。その後、検索欄に「フィーチャ

→ラスター」と入力する、または、［ツールボックス］＞［変換ツール］＞［ラスターへ変換］

＞［フィーチャ→ラスター]を選択します。

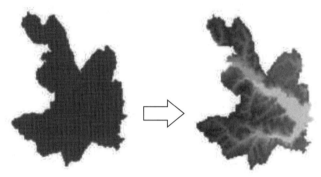

標高ポイント「hyoko.shp」　　　　標高グリッド「dem」

③　サーフェス解析

横浜市保土ケ谷区域の標高グリッド「dem」を用いて、サーフェス解析を行います。

🖱5　コンター（標高線）を作成します：

［解析]タブ ＞ ［ツール]ボタン、または、[表示]タブ ＞ ［ジオプロセシング]ボタンでジオプロセ

シングウィンドウを開きます。［ツールボックス］＞［サーフェス］＞［コンター］を選択し、

［パラメーター］タブ内を設定して実行します。入力ラスターは「dem」とし、コンター間

隔は適当な値を入力してください。以下、同様の手順で、🖱6 ～🖱8 を進めてください。

🖱6　傾斜角を計算します：［ツールボックス］＞［Spatial Analyst ツール]＞［サーフェス］＞［傾
斜角］

🖱7　傾斜方向を計算します：［ツールボックス］＞［Spatial Analyst ツール］＞［サーフェス］＞
［傾斜方向］

🖱8　陰影起伏を計算します：［ツールボックス］＞［Spatial Analyst ツール］＞［サーフェス］＞
［陰影起伏］

📖　　ヒント

各ツールの使い方が分からないときは、ジオプロセシングウィンドウ内（右上）にある [ヘルプ] ボタン ⑦ にカー
ソルを置くとツールの概要が表示され、クリックすると ESRI ウェブサイト「ツールリファレンス」で詳細を確認でき
ます。また、各パラメーターのタイトルもしくは入力領域にカーソルを置くと[インフォメーション] ボタン ⓘ
が表示されます。ボタンにカーソルを置く（またはクリックする）と、それぞれの説明を確認できます。より詳細な説
明が必要な場合は、タイトルバーにある [ヘルプを表示] ボタン ❓ から[ArcGIS Pro ヘルプ] や [ArcGIS
Resource Center] なども参照しましょう。

Step 5 集水域の作成 －支流単位での集水域—

横浜市保土ヶ谷区域の標高グリッド「dem」を用いて、集水域を作成します。

① 微小な凸凹の除去 ［Fill］

データの解像度や近隣の標高値などの問題から、DEM データ内に凸凹部分が発生することがあります。適切な集水域や水の流れなどのデータを作成する場合は、標高グリッドデータ内の微小な凸凹を除去し補正標高グリッドを作成する必要があり、［Spatial Analyst］のサーフェスの平滑化(Fill)機能を使います。

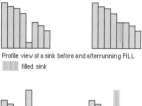

Profile view of a sink before and after running FILL
▨ filled sink

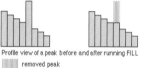

Profile view of a peak before and after running FILL
▨ removed peak

3A

3B

🖱2 ［解析]タブ ＞ ［ツール]でジオプロセシングウィンドウを開き、［ツールボックス］＞ ［Spatial Analyst ツール］＞ ［水文解析］＞ ［サーフェスの平滑化（Fill）]を選択し、ウィンドウの ［パラメーター］内を以下のように設定して、［実行]します。

（設定条件）

- ・入力サーフェス ラスター：dem
- ・出力サーフェス ラスター：fill_dem （D:¥gis_pro¥ex3b¥ex3b.gdb¥fill_dem）

※その他はデフォルト設定のまま

② 流向の計算 ［Flow Direction］

Fill を実行した補正標高グリッド「fill_dem」に対して、グリッドごとに水がどの方向に流れるかを計算します（各セルの最急傾斜方向を計算します）。

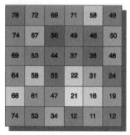

補正標高グリッド「fill_dem」

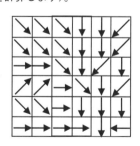

流向の計算[Flow Direction]

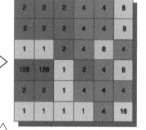

流向グリッド「fd」

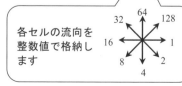

各セルの流向を整数値で格納します

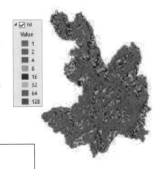

3 [解析]タブ ＞ [ツール]でジオプロセシングウィンドウを開き、[ツールボックス] ＞ [Spatial Analyst ツール] ＞ [水文解析] ＞ [流向ラスターの作成（Flow Direction）]を選択し、ウィンドウの [パラメーター] 内を以下のように設定して、[実行]します。

（設定条件）

> ・入力サーフェス ラスター：fill_dem
>
> ・出力サーフェス ラスター：fd （D:¥gis_pro¥ex3b¥ex3b,gdb¥fd）

※その他はデフォルト設定のまま

③ 累積流量の計算 ［Flow Accumulation］

先に求めた流向にもとづき、出力グリッド内の下り勾配のすべてのセルに流入する累積流量（累積セル数）を計算します。

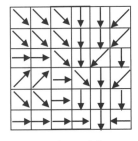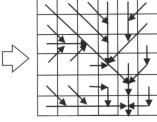

流向グリッド「fd」　　　　累積の計算[Flow Accumulation]　　　　累積流量グリッド「fa」

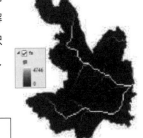

4 [解析]タブ ＞ [ツール]でジオプロセシングウィンドウを開き、[ツールボックス] ＞ [Spatial Analyst ツール] ＞ [水文解析] ＞ [累積流量ラスターの作成（Flow Accumulation）]を選択し、ウィンドウの [パラメーター] 内を以下のように設定して、[実行]します。

（設定条件）

> ・入力流向ラスター：fd
>
> ・出力累積流量ラスター：fa （D:¥gis_pro¥ex3b¥ex3b,gdb¥fa）

※その他はデフォルト設定のまま

📖　　Flow Accumulation のオプション（入力加重ラスター）

__入力加重ラスターを指定しない場合__：各セルに流入するセルの個数がそのまま累積された値として出力されます。

__入力加重ラスターを指定する場合__：セルによって重み（数値）が一定でない場合に使用します。

例えば、降水量によって重みづけした場合、降水による累積流入量が各セルの累積値として出力されます。

④ 河川グリッドの作成（累積流量値の選別）　[Con]

③で求めた累積流量グリッド「fa」の各セルは、流向グリッド「fd」にもとづく累積の流量値を保持しています。ここでは、集水域を作成するのに基準となる河川グリッド（ある一定以上の流量を集めたもの）を新たに作成します。本演習では、累積の流量値が 100 以上のものを選別し、新しいグリッド「con_100」において値を 1 として出力し、その他（流量値 100 未満）を No Data として出力します。ここでの選別（閾値の設定）が、これ以降作成する集水域の大きさを決める重要な要素となります。

👆5　[解析]タブ ＞ [ツール]でジオプロセシングウィンドウを開き、[ツールボックス] ＞ [Spatial Analyst ツール] ＞ [条件] ＞ [Con]を選択し、ウィンドウの [パラメーター] 内を以下のように設定して[実行]します。[WHERE 句]は、SQL 式の一般的な形式に従います。　右下図のように[SQL 編集]モードボタン 🔘 をクリックし、「Value >= 100」と直接入力することも可能です。

3A

3B

※出力ラスターは D:¥gis_pro¥ex3b¥ex3b.gdb¥con_100 を略した形で表示されます。

既存の河川データ（D:¥gis_pro¥ex3b¥data¥river.shp）をマップに追加し、河川グリッド（con_100）と比べてみましょう。

西側の上流や支流は比較的整合していますが、東側にずれが生じています。北側にある直線形の河川は分水路です。

地形による表流水の流れに基づき算出した河川グリッドは、数値標高データの精度や、河川工事・上下水道などの影響もあり、実際の流路形状と異なることがあります。

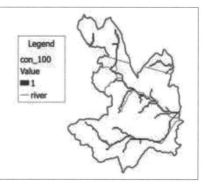

Legend
con_100
Value
▬ 1
— river

⑤ 支流グリッドの作成（グループ分け）[Stream Link]

Stream Link 機能を用いて、河川グリッド「con_100」から支流グリッドを作成します。この機能は、複数のライン状データ（河川、水路）が交わるセルで分割し、各区分データに固有の番号を与えます。

📖6 ［解析］タブ ＞ ［ツール］でジオプロセシングウィンドウを開き、［ツールボックス］ ＞ ［Spatial Analyst ツール］＞［水文解析］＞［河川リンクラスター（Stream Link）］を選択し、ウィンドウの［パラメーター］内を以下のように設定して、［実行］します。

（設定条件）

> ・入力河川ラスター：con_100
> ・入力流向ラスター：fd
> ・出力ラスター：sl_100　　（D:¥gis_pro¥ex3b¥ex3b,gdb¥sl_100）

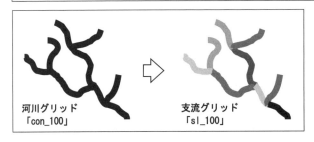

河川グリッド　　　　　　　支流グリッド
「con_100」　　　　　　　「sl_100」

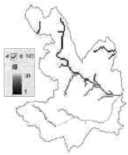

⑥ 集水域の作成［Watershed］

これまでの過程で作成してきたグリッドデータから、それぞれの河川に注ぎ込む領域のセル群を「集水域」としてグリッド作成します。

📖7 ［解析］タブ ＞ ［ツール］でジオプロセシングウィンドウを開き、［ツールボックス］ ＞ ［Spatial Analyst ツール］＞［水文解析］＞［集水域ラスターの作成（Watershed）］を選択し、ウィンドウの［パラメーター］内を以下のように設定して、［実行］します。

（設定条件）

> ・D8 入力流向ラスター：fd
> ・流出点データとして使用するラスター、またはフィーチャ：sl_100
> ・流出点フィールド：Value
> ・出力ラスター：ws_100　　（D:¥gis_pro¥ex3b¥ex3b,gdb¥ws_100）

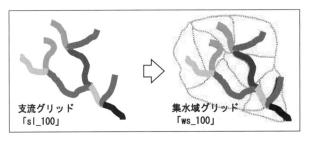

支流グリッド　　　　　　　集水域グリッド
「sl_100」　　　　　　　　「ws_100」

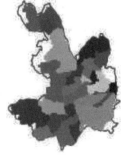

Step
Up

任意サイズ、河川単位、調査地点単位での集水域の作成

① 任意サイズでの集水域の作成

Step3 では、各セルの累積セル数が 100 以上のものを抽出した河川グリッド「con100」を基準に、集水域を作成しました。より大きな、または、小さな単位の集水域を作りたい場合は、"④河川グリッドの作成（累積流量値の選別）［Con］"での選別基準（閾値の設定）を変更します。本 Step では、より小さな単位の集水域を作成するため、累積流量値 20 以上のものを選別後、集水域を作成します。そして、累積流量値 100 以上の集水域と比較しましょう。作業手順は Step3④〜⑥と同じです。

3A

3B

👆1　河川グリッドを作成（累積流量値 20 以上を選別）します。
［解析]タブ ＞ ［ツール]でジオプロセシングウィンドウを開き、［ツールボックス］＞ ［Spatial Analyst ツール］＞ ［条件］＞［Con］を選択し、ウィンドウの ［パラメーター] 内を以下のように設定して、［実行]します。

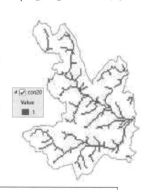

（設定条件）

> ・入力条件付きラスター：fa
> ・式（SQL ボタンオフの場合）：Where 句［Value］が［20］［以上］
> 　　（SQL ボタンオンの場合）：Value >= 20
> ・条件式が TRUE のときの入力ラスター、または定数値：1
> ・出力ラスター：con_20　　（D:¥gis_pro¥ex3b¥ex3b,gdb¥con_20）

👆2　次に、支流グリッドを作成（グループ分け）します。
［解析]タブ ＞ ［ツール]でジオプロセシングウィンドウを開き、［ツールボックス］＞ [Spatial Analyst ツール] ＞ ［水文解析］＞ ［河川リンククラスター(Stream Link)]を選択し、ウィンドウの ［パラメーター] 内を以下のように設定して、［実行]します。

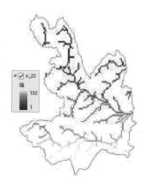

（設定条件）

> ・入力河川ラスター：con_20
> ・入力流向ラスター：fd
> ・出力ラスター：sl_20　　（D:¥gis_pro¥ex3b¥ex3b,gdb¥sl_20）

🖱3　集水域を作成します。

[解析]タブ ＞ [ツール]でジオプロセシングウィンドウを開き、
[ツールボックス] ＞ [Spatial Analyst ツール] ＞ [水文解析] ＞
[集水域ラスターの作成（Watershed）]を選択し、ウィンドウの
[パラメーター]内を以下のように設定して、[実行]します。

（設定条件）

・D8 入力流向ラスター：fd
・流出点データとして使用するラスター、またはフィーチャ：sl_20
・流出点フィールド：Value
・出力ラスター：ws_20　　（D:\gis_pro\ex3b\ex3b,gdb\ws_20）

② 河川単位での流域の作成

次に、各河川の最大流量部から流出点（Pour Point）を抽出し、集水域を作成する方法を学びます。
入力グリッドの中で接続関係にあるセル群をグループに分け、河川の最下流部へ水が注ぎ込まれる
全区域（＝河川流域）を抽出します。

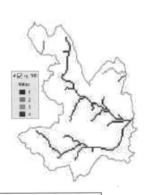

🖱4　Step3 で作成した河川グリッド［con_100］を用い、河川ごとに
グループ分けを行います。

[解析]タブ ＞ [ツール]でジオプロセシングウィンドウを開き、
[ツールボックス] ＞ [Spatial Analyst ツール] ＞ [ジェネララ
イズ] ＞ [領域グループ（Region Group）]を選択し、ウィンドウ
の [パラメーター] 内を以下のように設定して、[実行]します。

（設定条件）

・入力ラスター：con_100
・出力ラスター：rg_100　　（D:\gis_pro\ex3b\ex3b,gdb\rg_100）
・使用する近傍の数：8　　（八方向：斜め近接セルをグループに含める）
・その他：デフォルト

5　各河川［rg_100］の最大流量値（［fa］の値 Value）を認識させ
ます。

［解析］タブ ＞ ［ツール］でジオプロセシングウィンドウを開
き、［ツールボックス］ ＞ ［Spatial Analyst ツール］ ＞ ［ゾー
ン］ ＞ ［ゾーン統計(Zonal Statistics)］を選択し、ウィンドウ
の［パラメーター］内を以下のように設定して、［実行］しま
す。

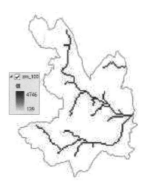

（設定条件）

・入力ラスター：rg_100

・ゾーンフィールド：Value

・入力値ラスター：fa

・出力ラスター：zm_100　　（D:¥gis_pro¥ex3b¥ex3b,gdb¥zm_100）

・統計の種類：最大

・その他：デフォルト

6　最大流量を持つ流出点（Pour Point）データを作成しま
す。［fa］の中で、累積流量最大（［zm_100］の値と一致
する）セルへ1の値を与え、新たなグリッド［pp_100］を
出力します。

［解析］タブ ＞ ［ツール］でジオプロセシングウィンドウを
開き、［ツールボックス］ ＞ ［Spatial Analyst ツール］ ＞ ［演
算］ ＞ ［論理］ ＞ ［Equal To］を選択し、ウィンドウの［パ
ラメーター］内を以下のように設定して、［実行］します。

（設定条件）

・入力ラスター、または定数値1：fa

・入力ラスター、または定数値2：zm_100

・出力ラスター：pp_100　　（D:¥gis_pro¥ex3b¥ex3b,gdb¥pp_100）

7　［pp_100］をグループ分け（各グリッドに固有 ID を付与）した後、河川流域を作成します。

[解析]タブ ＞ [ツール]でジオプロセシングウィンドウを開き、[ツールボックス] ＞ [Spatial Analyst ツール] ＞ [ジェネラライズ] ＞ [領域グループ(Region Group)]を選択し、ウィンドウの [パラメーター] 内を以下のように設定して、[実行]します。

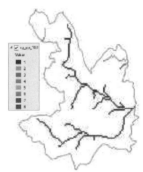

（設定条件）

・入力ラスター：pp_100
・出力ラスター：rg_pp_100　（D:¥gis_pro¥ex3b¥ex3b,gdb¥rg_pp_100）
・使用する近傍の数：8　（八方向：斜め近接セルをグループに含める）
・その他：デフォルト

[解析]タブ ＞ [ツール]でジオプロセシングウィンドウを開き、[ツールボックス] ＞ [Spatial Analyst ツール] ＞ [水文解析] ＞ [集水域ラスターの作成(Watershed)]を選択し、ウィンドウの [パラメーター] 内を以下のように設定して、[実行]します。

（設定条件）

・D8 入力流向ラスター：fd
・流出点データとして使用するラスター、またはフィーチャ：rg_pp_100
・流出点フィールド：Value
・出力ラスター：basin　（D:¥gis_pro¥ex3b¥ex3b,gdb¥basin）

出力結果（basin）を
Step3 や StepUp①で
作成した集水域と比較
しましょう

集水域「ws_100」　　　　集水域「ws_20」　　　　河川流域「basin」

流域の一括作成 [Basin]

②の作業を行わず一括して流域を作成する Spatial Analyst ツール（水文解析） [basin] があります。

[basin]は解析範囲内の尾根線を認識し河川流域界を作成する機能です。流向グリッドのみを解析し、同じ流域に属する（流れ込む）一連のセル群を抽出します。この流域グリッドは、解析範囲の端の流出点（グリッド内の水が注ぎ込む箇所）へ注ぎ込む区域をひとつの領域として認識させたものですが、[watershed]による作成結果と異なることがあります。

③ 調査地点単位での流域の作成

調査地点・観測点など任意のポイントから集水域（流域）を作成することができます。

🖱8 水質観測点ポイント「D:¥gis_pro¥ex3b¥data¥observation.shp」をマップに追加します。

🖱9 観測点単位の集水域グリッド（ws_obs）を作成します。

[解析]タブ ＞ [ツール]でジオプロセシングウィンドウを開き、[ツールボックス] ＞ [Spatial Analyst ツール] ＞ [水文解析] ＞ [集水域ラスターの作成(Watershed)]を選択し、ウィンドウの [パラメーター] 内を以下のように設定して、[実行]します。

（設定条件）

```
・D8 入力流向ラスター：fd
・流出点データとして使用するラスター、またはフィーチャ：observation
・流出点フィールド：Id
・出力ラスター：ws_obs    （D:¥gis_pro¥ex3b¥ex3b,gdb¥ws_obs）
```

3A

3B

 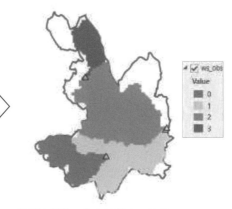

水質観測点ポイント「observation.shp」　　　観測点単位の集水域グリッド「ws_obs」

📖 **集水域の作成について**

Spatial Analyst を使用して、数値標高データから集水域データなどを作成する際には、以下の点に注意が必要です。

・ 利用する数値標高データの間隔（50m、10m、5mなど）や解析セルサイズ、解析条件などにより、結果は異なります。

・ 山間部などの上流域では実際の河川と GIS による解析結果が一致することが多いですが、水田地帯や市街地など人工的な土地改変や河川工事が行われている中・下流域では、実際の河川と解析結果が大きく異なることがあります。

・ 本解析は、地形による表流水の流れに基づき、集水域などを算出していますが、実世界では水道システム（上下水道、農業用水、工業用水）や地下水などの影響もあり、目的や用途に応じて集水域を定義・検討する必要があります。

・ [Arc Toolbox] > [Spatial Analyst Tools] > [内挿] > [トポ → ラスター（Topo to Raster）]ツールを使用すれば、ポイント、ポリゴン、ラインから水文学的により適切なサーフェスを作成できます。等高線（コンターライン）、河川、湖沼、標高値ポイント、敷地境界線などのデータからサーフェスの補間を行います。

・ GIS で利用可能な流域データとして、国土数値情報「流域界・非集水域（ポリゴン）」、「単位流域台帳」があります。

（データ基準年：昭和 52（1977）年）

第4章　　ラスター解析

演習４　　横浜市パークアンドライドプロジェクト

Course Schedule

Step	項目	おおよその必要時間		
		1回目	2回目	3回目
Step1	データの用意と確認	5分	（　）分	（　）分
Step2	ベクターデータからラスターデータへの変換	15分	（　）分	（　）分
	① 「対象出入口」レイヤーをラスターに変換			
	② 「対象駅」レイヤーをラスターに変換			
	③ 「幼年者学校」レイヤーをラスターに変換			
	④ 「数値標高点」・「土地利用」レイヤーの追加			
Step3	解析用データセット作成（距離・傾斜角の計算）	15分	（　）分	（　）分
	①「対象出入口からの距離」を表すラスターの作成			
	②「駅からの距離」を表すラスターの作成			
	③「幼年者施設までの距離」を表すラスターの作成			
	④「土地の傾斜角度」を表すラスの作成			
Step4	データセットの再分類	15分	（　）分	（　）分
	①「対象出入口からの距離」を表すラスターの再分類			
	②「対象駅からの距離」を表すラスターの再分類			
	③「幼年者施設までの距離」を表すラスターの再分類			
	④「土地の傾斜角度」を表すラスターの再分類			
	⑤「土地利用」を表すラスターの再分類			
Step5	重み付けによる最適地の選定（ラスター演算の応用）	15分	（　）分	（　）分
	① 「土地利用形態」を重視した場合			
	② 「自動車道出入り口（インターチェンジ）に近いこと」			
	を重視した場合			
	③ すべての条件に均等な重み付けをした場合			
Step6	検討結果をレイアウトしレポートする	15分	（　）分	（　）分

4

Introduction

　あなたは横浜市環境政策部の GIS 担当官です。

　横浜市は大気汚染の改善及び渋滞緩和のために、市中心部へのマイカーの流入を抑制する環境政策として、「パークアンドライド」の計画を進めようとしています。この演習では、「首都高速道路」「横浜新道」「保土ヶ谷バイパス」「横浜横須賀道路」等の自動車専用道路を使って横浜市中心部へ乗り入れする通勤者が、パークアンドライドを行なうのに便利な駐車場の立地を計画します。

　利用するデータは、「自動車道出入口」ポイント、「駅」ポイント、「学校」ポイント、「標高点」ポイント、「土地利用」ポリゴンです。

　本演習では、以下の条件に当てはまる最適な土地に駐車場の建設を予定します。

- ・　「首都高速道路」「横浜新道」「保土ヶ谷バイパス」「横浜横須賀道路」の**出入口に近い**
- ・　**最寄りの駅に近い**
- ・　**幼年者施設（幼稚園・保育園）から遠い**
- ・　**平坦な**土地である
- ・　**土地利用形態**が建設に向いている

📖　パークアンドライド（公共交通機関乗りかえ駐車場）

マイカーを郊外の駅に駐車し、電車やバスに乗り換えて渋滞が予想される都心部や観光地などに移動する手法です。環境にもやさしい渋滞緩和策として注目されています。

| 自宅 | マイカー | 郊外駐車場 | バス | 駅 |

| 電車 | 駅 | 徒歩 | 会社 |

Model

演習「横浜市パークアンドライドプロジェクト」の流れは以下のようになっています。

Step 1　データの用意と確認

Step 2　ベクターデータからラスターデータへの変換

Step 3　解析用データセットの作成（距離・傾斜角の計算）

Step 4　データセットの再分類

Step 5　重み付けによる最適地の選定（ラスター演算の応用）

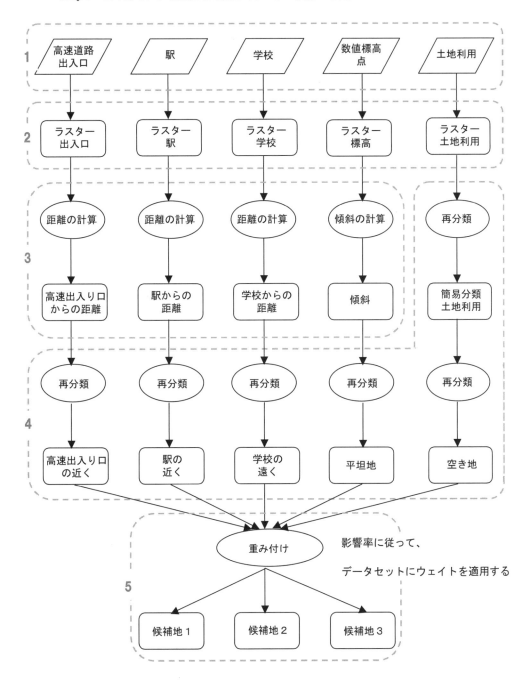

4

Step
1

データの用意と確認

🖰1　データのダウンロード、解凍を行い、読み取り専用をサブフォルダも含めて解除します。
以降では、演習データが、「D:¥gis_pro」フォルダに置かれているものとして説明します。

🖰2　「D:¥gis_pro¥ex4」フォルダ内の「start.aprx」をダブルクリックします。このファイルに
追加されているレイヤーの図形情報と属性情報を確認して下さい。

　　本演習では、横浜市の中心部である中区・西区・神奈川区を対象外区域と設定し、そこ
に含まれる"出入口"、"駅"を対象から除外しました。（理由：中心部にはパークアンドラ
イド駐車場を建設したくないため）また、土地利用ポリゴン、数値標高ポイントレイヤー
はデータサイズが大きいため、ここでは参考のために金沢区を中心とした一部の地域のみ
表示しています。

🖰3　[ツールボックス]を表示して、利用できるようにします。
[解析]タブ内にある[ツール]ボタン 🛠 をクリックしてジオプロセシングウィンド
ウを開き、ウィンドウ内の[ツールボックス]タブに切り替えます。

🖰4　ラスター解析を行うための環境設定をします。
[解析]タブ内にある[環境]ボタンをクリックすると、環境設定ダイアログが開きます。次
のように解析環境を設定します。

【設定条件】

[ワークスペース]
　現在のワークスペース：D:¥gis_pro¥ex4¥data
　テンポラリワークスペース：D:¥gis_pro¥ex4¥data
[出力座標]横浜市行政界
[処理範囲]参照＞横浜市行政界.shp
[ラスター解析]
セルサイズ：50（m）
マスク：横浜市行政界.shp

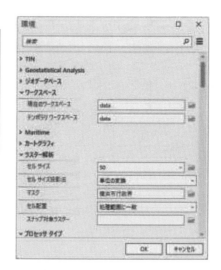

以上の作業で、ラスター解析のためのデータ確認と環境設定が完了しました。

Step 2

ベクターデータからラスターデータへの変換

「start.aprx」に表示されている解析データ（「対象出入口」・「対象駅」・「幼年者学校」・「数値標高モデル」・「土地利用」）は全てベクターデータ形式です。本演習では、ラスターデータで解析をすすめるため、これらのデータを一旦ラスターデータ形式に変換します。

ただし、データ容量の大きな「数値標高モデル」・「土地利用」は変換にかなりの時間を要するため、本演習では「対象出入口」・「対象駅」・「幼年者学校」の 3 データの変換を行います。

① 「対象出入口」レイヤーをラスターに変換

🖰1　［ツールボックス］＞［変換ツール］＞［ラスターへ変換］＞［フィーチャ→ラスター］をダブルクリックします。

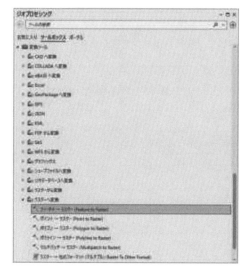

🖰2　［入力フィーチャ］で「対象出入口」レイヤーを指定し、［出力ラスター］で出力ファイル名を「inter」と指定します（下図参照）。本演習においては、［フィールド］の値は任意です。

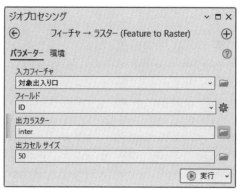

> 🔔 **注意**
>
> ［フィーチャ→ラスター］ウィンドウにおける［フィールド］とは？
>
> ベクターデータの属性テーブルの任意のフィールドから、出力ラスターに値として出力するためフ
> ィールドを選択します。本演習においては対象出入口や対象駅、幼年者学校の「場所（どこにあるの
> か）」自体を問題としており、ラスター変換後にこれらのフィールド値を使って解析を行うことはない
> ため、任意のフィールドをドロップダウンリストから選択しても構いません。

🖱3 「マップ」タブ の［拡大］ツールを利用して、出力された「inter」ラスターデータを確認
して下さい。ラスターデータ形式（50m 四方のグリッド）に変換されたことが確認できます。

同様の方法で、「対象駅」、「幼年者学校」もラスターデータ化します。

② 「対象駅」レイヤーをラスターに変換

🖱1 ［ツールボックス］＞［変換ツール］＞［ラスターへ変換］＞［フィーチャ→ラスター]で、下
図のように設定して［実行］ボタンを押します。

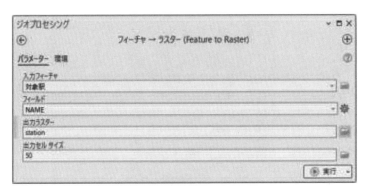

③ 「幼年者学校」レイヤーをラスターに変換

🖱1 ［ツールボックス］＞［変換ツール］＞［ラスターへ変換］＞［フィーチャ→ラスター]で、下
図のように設定して［実行］ボタンを押します。

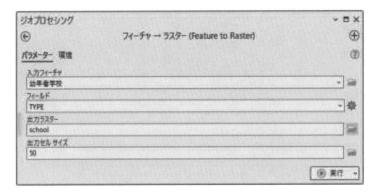

これまでの作業で、次の3つのラスターデータが作成されたはずです。

- inter （対象出入口のラスターデータ）
- station （対象駅のラスターデータ）
- school （幼年者学校のラスターデータ）

これらの作成したラスターデータを右クリックでコピーし、STEP2 マップフレームに張り付けましょう。

④ 「数値標高点」・「土地利用」レイヤーの追加

「マップ」タブ内の［データの追加］ボタンをクリックして、次のデータを「step2」マップビューーに追加して下さい。

【追加するデータ】 「D:¥gis_pro¥ex4¥data¥step2」フォルダにある

- landuse （土地利用のラスターデータ）
- hyoko （数値標高モデルのラスターデータ）

これで全てのデータをラスターデータに変換できました。

4

Step
3

解析用データセットの作成（距離・傾斜角の計算）

> ## 🔔 注意
> "Step3 解析用データセットの作成"での「直線距離を測る」作業においては、直接ポイントデータからその作業を行うことも可能です。ここではベクター形式としてのポイントデータがどのようにラスター形式のデータセットに変換されるのかを確認するために、これらの作業を行いました。従って、実際のプロジェクトにおいてはポイントデータをラスター形式のデータセットに変換する作業は省略しても結構です。

次は Step2 で用意されたラスターデータから、解析のためのデータセットを作成します。作成するデータは以下の通りです。

【Step3 で作成するデータ】

テーマ	入力データ	解析	出力データ名	
自動車道出入口	inter	距離解析	dis_inter	：対象出入口からの距離
駅	station	距離解析	dis_ station	：駅からの距離
学校	school	距離解析	dis_ school	：幼年者学校からの距離
標高点	hyoko	傾斜角解析	slope	：土地の傾斜角度
土地利用		※ 土地利用に関する解析は、Step4 で行います。		

① 「対象出入口からの距離」を表すラスターデータの作成（「inter」→「dis_inter」の作成）

　一般道路の交通量に負荷をかけないためにも、駐車場は自動車専用道路の出入口の近くに建設されるのが望ましいと考えられます。したがって、対象出入口データ「inter」を使って、そこからの直線距離を計算します。

🖱1　[ツールボックス] > [SpatialAnalyst ツール] > [距離] > [距離累積]

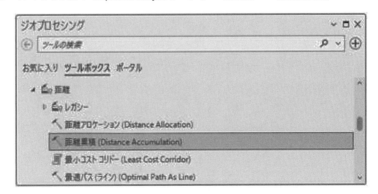

🖱2　[入力ラスター]で「inter」を指定し、[出力ラスター]で、作成ラスターデータの名前と保存先を以下のように設定して下さい。その他の値は、デフォルト（初期設定）で結構です。

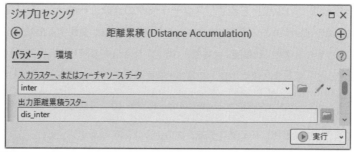

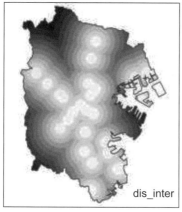

dis_inter

ここで作成された「dis_inter」データセットは、「inter」に対する距離の出力値が計算されています。各インターチェンジの位置のセル値が「0」で、遠ざかるにつれて、値（距離）は大きくなっているはずです。

② 「駅からの距離」を表すラスターデータの作成（ 「station」 → 「dis_station」 の作成）

利用者は、駐車場から駅まで移動をしなければなりません。ここで時間がかかるようでは、多くの利用者は見込めません。駐車場は駅の近くに建設されるのが望ましいと考えられます。したがって、対象駅からの直線距離を計算します。

🖱1 ［ツールボックス］＞［SpatialAnalyst ツール］＞［距離］＞［距離累積］

🖱2 ［距離累積］ダイアログで、次のように設定します。

【設定条件】

・ ソースデータ：station 　　　 ・ 出力ラスター：dis_ station

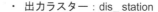

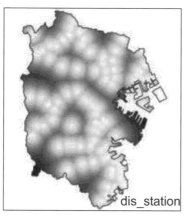

dis_station

作成された「dis_ station」データセットは、「station」に対する距離の出力値が計算されています。値 0 は駅の位置を示しています。各駅から遠ざかるにつれて、値（距離）は大きくなります。

③　「幼年者学校までの距離」を表すラスターデータの作成（「school」→「dis_school」の作成）

　　　　駐車場の建設による交通量の増大による各種交通事故が発生する危険性を低くするために、本
計画では幼年者学校（幼稚園・保育園・小学校）から出来る限り離れた所に駐車場を建設します。
したがって、幼年者学校ポイントを使って、そこからの直線距離を計算します。

　　🖱1　［ツールボックス］＞［SpatialAnalyst ツール］＞［距離］＞［距離累積］

　　🖱2　［距離累積］ダイアログで、次のように設定します。

　　【設定条件】

　　　　・ ソースデータ：school　　　・ 出力ラスター：dis_school

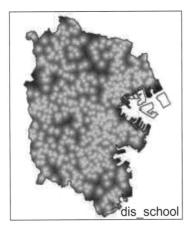
dis_school

　作成された「dis_school」データセットは、「school」に
対する距離の出力値が計算されています。値 0 は幼年者学
校の位置を示しています。各施設から遠ざかるにつれて、
値（距離）は大きくなります。

④　「土地の傾斜角度」を表すラスターデータの作成（ 「hyoko」 → 「slope」 の作成）

　　　　横浜市は丘陵地の上に発達した都市ですが、大規模な駐車場整備のためには比較的平坦な土地
を探す必要があります。そのため、土地の傾斜角を考慮しなければなりません。

　　🖱1　［ツールボックス］＞［ SpatialAnalyst ツール］＞［サーフェス］＞［傾斜角］

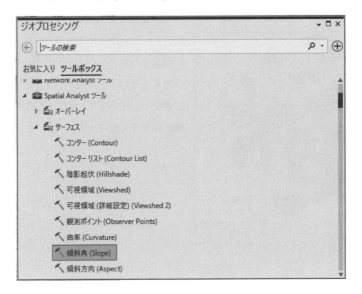

🖰2　表示される［傾斜角］ダイアログで、次のように設定して下さい。

【設定条件】

・ 入力ラスター：hyoko　・ 出力ラスター：slope　・ その他：デフォルト（初期設定）

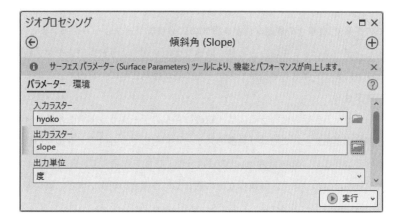

ここで作成された「slope」データセットは、大きな
値を持つセルほど、傾斜角が急なことを示しています。

4

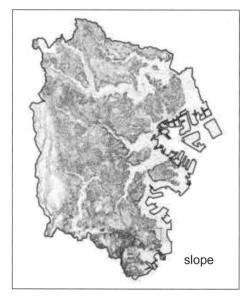

slope

　これまでの作業で、下記の 4 つのラスターデータが作成されました。これらをコピーして
「STEP3」マップビューに貼り付けましょう。

・ dis_inter　　　　（対象出入口からの距離）

・ dis_station　　　（駅からの距離）

・ dis_school　　　（幼年者学校からの距離）

・ slope　　　　　　（土地の傾斜角度）

Step
4

データセットの再分類

　ここまでの作業で、駐車場の最適な位置を探すのに必要なデータセットが揃いました（除く：土地利用）。
そこで、揃えたデータセットを組み合わせて最適な土地を求めようと思いますが、距離の値や傾斜の値な
どデータセットによって異なる物理量やスケールの値が格納されているので、このままでは単純に比較す
ることはできません。

　一連のデータセットを組み合わせるには、初めに各々のデータセットのセル値を「共通のスケール」で
統一する必要があります。ここでは「共通のスケール」として、各位置（セル）の値は「駐車場の立地に
適している度合い」とし、Spatial Analyst の「再分類」機能を利用して、各データセットを 1〜10 の範囲
内の共通スケールに合わせます。駐車場立地に適している度合いが高いほど、高い値を割り当てます。

① 「対象出入口からの距離」を表すラスターデータの再分類（「dis_inter」→「rcls_inter」の作成）
　　　駐車場は自動車専用道路の"出入口"の近くに立地するほうがよいとします。そこで、「dis_inter」
　　を 10 ランクに再分類し、"出入口"に最も近い地区（最適な位置）には値 10、"出入口"に最も
　　遠い地区（最も不適切な位置）には値 1 を割り当て、その間の値は適宜割り当てます。これによ
　　り、"出入口"に近い地区とそうでない地区とが一目で分かります。

　　　🖱1　［ツールボックス] > [Spatial Analyst］＞［再分類］＞［再分類］

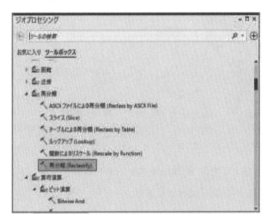

　　　🖱2　［入力ラスター］で「dis_inter」を選び、［分類］ボタンをクリックします。

👆3 [方法] は「等間隔」、[クラス] は「10」を選択し [OK] ボタンをクリックします。

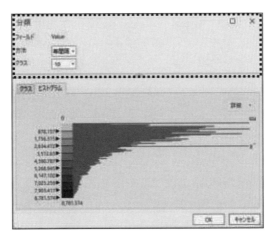

👆4 新しい駐車場は、自動車専用道路の"出入口"の近くに立地する方が良いとします。した がって、"出入口"に近い場所ほど高い値を割り当てます。[再分類] ウィンドウの [新し い値の反転] ボタンをクリックして、値を変更します。このとき、「No Data」は、「No Data」 のままとなります。

4

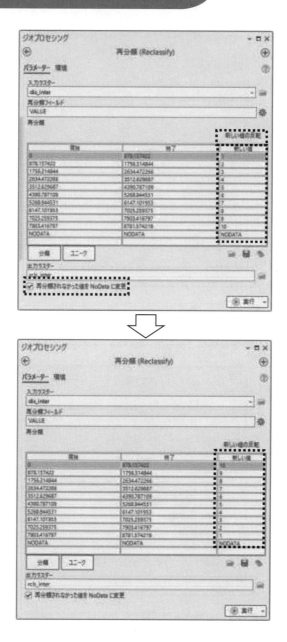

5 ［出力ラスター］で「D:¥gis_pro¥ex4¥data¥rcls_inter」を指定して、［実行］をクリック
します。

再分類後の「rcls_inter」が、新しいレイヤーとして追加されます。

② 「対象駅からの距離」を表すラスターデータの再分類（「dis_station」→「rcls_station」の作成）
　駐車場は"駅"の近くに立地する方が良いので、データセットを再分類し、"駅"に最も近い場
所には値10、"駅"に最も遠い場所には値1を割り当てます。

1 ［ツールボックス］ ＞ ［Spatial Analyst ツール］＞［再分類］＞［再分類］

🖱2 ［分類］ボタンをクリックします。

🖱3 ①と同様に、以下の値を入力してください。

【設定条件】

・　入力ラスター　　　　：dis_station

・　出力ラスター　　　　：rcls_station

・　方法・クラス　　　　：等間隔・10 分類

これにより、再分類後の「rcls_station」データセットが、新しいレイヤーとして追加され
ます。値が大きな位置（駅に近い）の方が、値が小さな位置（駅より遠い）より適してい
るということになります。

③　幼年者学校までの距離を表すラスターデータの再分類（「dis_school」→「rcls_school」の作成）

駐車場は幼年者学校から離れた場所に立地する方が良いため、データセットを再分類し、幼年
者学校に最も遠い地区に値 10、幼年者学校に最も近い地区には値 1 を割り当て、その間の値は適
宜割り当てます。

🖱1 ［ツールボックス］ ＞ ［Spatial Analyst ツール］＞［再分類］＞［再分類］

🖱2 ［分類］ボタンをクリックします。

🖱3 ①と同様に、以下の値を入力してください。

【設定条件】

・　入力ラスター　　　　：dis_school

・　出力ラスター　　　　：rcls_school

・　方法・クラス　　　　：等間隔・10 分類

これにより、再分類後の「rcls_school」データセットが、新しいレイヤーとして追加されます。
値が大きな位置（幼年者学校から遠い）の方が、値が小さな位置（幼年者学校の近く）より適し
ているということになります。

④　「土地の傾斜角度」を表すラスターデータの再分類（「slope」→「rcls_slope」の作成）

駐車場は”比較的平坦な土地”に立地する方が望ましいと言えます。そのため、「slope」デー
タセットの再分類を実行し、最適な傾斜角（傾斜角が最も小さい）には値「10」、最も不適切な
傾斜角（傾斜角が最も大きい）には値「1」を割り当てます。

🖱1 ［ツールボックス］ ＞［Spatial Analyst ツール］＞［再分類］

🖱2 ［分類］ボタンをクリックします。

🖱3 ①と同様に、以下の値を入力してください。

【設定条件】

・　入力ラスター　　　　：slope

・　出力ラスター　　　　：rcls_slope

・　方法・クラス　　　　：等間隔・10 分類

これにより、再分類後の「rcls_slope」データセットが、新しいレイヤーとして追加されます。値が大きな位置（傾斜角が小さい）の方が、値が小さな位置（傾斜角が大きい）より適しているということになります。

⑤ 「土地利用」を表すラスターデータの再分類（「landuse」→「rcls_landuse」の作成）

次に駐車場建設に適している特定の土地利用形態を選び出します。本演習で扱うデータの土地利用形態は 40 項目と、詳細に分類されています。

【例】

コード	内容
1	田(農地外)
2	田(農地内)
3	畑(農地外)
4	畑(農地内)
5	平坦な山林
6	急傾斜地の山林
7	河川と水路、海面
8	海浜や荒地
9	住宅用地
10	住宅用地(店舗併用)
11	集合住宅用地
12	集合住宅用地(店舗併用)
13	

・・・

ここからそれぞれの項目に対して、駐車場建設に適する値を与えることも可能ですが、40 項目に分類されたものに 1～10 の値を割り振るということは困難であり、説明を行う際に分かりにくいものになります。

そこで本演習においては土地利用形態「landuse」において、まず似た内容を持つものを同じグループとして再分類し、その上で駐車場建設に適するかの値付けを行います。その例を以下に示します。

コード	内容		新コード	新内容
1	田(農地外)		1	農地
2	田(農地内)			
3	畑(農地外)	⇒		
4	畑(農地内)			
5	平坦な山林		5	山林
6	急傾斜地の山林	⇒		
7	河川と水路、海面		7	水面 (河川・海浜)
8	海浜や荒地	⇒		
9	住宅用地		9	既成開発地 (住宅・工場・公共施設等)
10	住宅用地(店舗併用)			
11	集合住宅用地			
12	集合住宅用地(店舗併用)	⇒		
13				

・・・

その結果、以下の 11 項目に分類された「簡易分類土地利用」データを作成しました。

code	土地利用用途
1	農地
2	山林
3	水面（河川・海浜）
4	既成開発地（住宅・商業地・公共用地）
5	運輸倉庫用地
6	工場
7	防衛用地
8	オープンスペース・未利用地（除く・都市公園）
9	駐車場
10	道路用地
11	鉄道用地

本演習では、この作業は省略しますので、既に作成してある簡易分類土地利用データ「rcls_landuse」を追加して、確認して下さい。

🖱1　［データの追加］ボタンをクリックして、「D:¥gis_pro¥ex4¥data¥step4¥rcls_landuse」を追加します。

🖱2　「rcls_landuse」の［シンボル］を個別値表示します。
　　「rcls_landuse」を選択し、右クリックし［シンボル］をクリックします。［シンボル］タブで、プライマリシンボルを「個別値」に設定します。

簡易分類土地利用（rcls_landuse）は、土地利用分類が上表の通り、11 に集約されていることがわかります。次は、駐車場としての転用のしやすさから土地利用分類ごとに 1～10 の特典を付けていきましょう。

ここでは駐車場としての転用のしやすさを考慮して、それぞれの土地利用分類に対して以下の値を与えることとします。小さい値は、駐車場への転用に適していないことを示します。3-水面・海浜、7-防衛用地、10-道路用地、11-鉄道用地は駐車場への転用が難しい土地利用分類なので候補地から除外するために、"No Data"を割り当てます。

code	土地利用用途	割り当て値
1	農地	5
2	山林	8
3	水面（河川・海浜）	No Data
4	既成開発地（住宅・商業地・公共用地）	3
5	運輸・倉庫用地	7
6	工場	3
7	防衛用地	No Data
8	オープンスペース・未利用地（除く・都市公園）	10
9	駐車場	9
10	道路用地	No Data
11	鉄道用地	No Data

4

3 ［ツールボックス］ ＞ ［Spatial Analyst ツール］＞［再分類］

　上表をもとに、以下のように［ユニーク］をクリックして新しい値を設定し、出力ラスターを
「D:¥gis_pro¥ex4¥data¥rcls_landuse2」として、［実行］ボタンを押します。

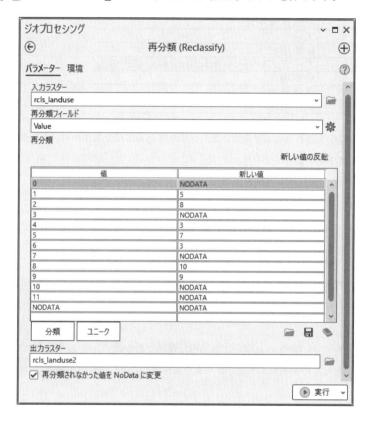

Step 5

重み付けによる最適地の選定（ラスター演算の応用）

これまで作成された一連のデータセットに、共通の指標を適用しました。データセットごとに、条件に合うものに大きな値が割り当てられていますが、ここではそれら一連のデータセットを組み合わせた（重ね合わせた）上で、総合的に最も適した場所（セル）を探します。

どのデータセットも均等に重要な場合は、Step4 までの結果を重ねてそれぞれの値を合計したものが、本主題の最適度になります。しかし、「土地利用形態」という条件に重きを置く場合や、「"出入口"からの距離」に重きを置く場合とでは最適地が異なってきます。その際には、各データセットに影響率（重み係数）を与え、すべてのデータセットに重み付けを割り当てます。

① 「土地利用形態」を重視した場合

まずは、「土地利用形態」に重みをおいた最適地を探します。一連のデータセットに、下記の影響率を割り当てます（値を「正規化」するために、各パーセンテージ値は 100 で除してあります）。

【影響率】

条件	データ	影響率	
自動車道出入口までの距離	rcls_inter	0.15	（15%）
駅までの距離	rcls_station	0.15	（15%）
学校までの距離	rcls_school	0.15	（15%）
土地の傾斜角	rcls_slope	0.15	（15%）
土地利用形態	**rcls_landuse2**	**0.40**	**（40%）**

🖱1 ［ツールボックス］ ＞ ［Spatial Analyst］＞［マップ代数演算］＞［ラスター演算］

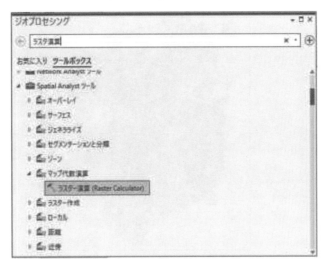

🖱2 枠内に次の評価式を入力し、出力ラスターを「evaluation1」として［実行］ボタンをクリックします。

【評価式】

[rcls_inter] * 0.15 + [rcls_station] * 0.15 + [rcls_school] * 0.15 +

[rcls_slope] * 0.15 + [rcls_landuse2] * 0.4

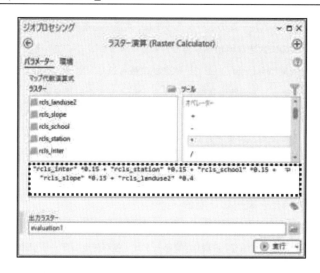

この結果を10のクラスに分類し、上位2クラスをハイライト表示します。

3 　作成されたラスターレイヤーを右クリックし、[シンボル]をクリックします。

4 　[プライマリシンボル]ドロップダウンリストから[分類]を選択します。

5 　[手法]は「自然分類（Jenks）」、[クラス]は「10」とします。

6 　得点の高い上位2クラスを[Ctrl]キーを押したまま選択します。

7 　選択した2クラスのところで右クリックし、[シンボルの書式設定]をクリックし、明るい
色を1つ選択します。

土地利用形態を重視した場合の駐車場建設適地

② 「自動車道出入り口（インターチェンジ）に近いこと」を重視した場合

次に、以下の条件における最適地を、①と同様の手順で算出し、出力ラスタ名「evaluation2」で
出力して下さい。

【影響率】

条件	データ	影響率	
自動車道出入口までの距離	**rcls_inter**	**0.50**	**(50%)**
駅までの距離	rcls_station	0.10	(10%)
学校までの距離	rcls_school	0.10	(10%)
土地の傾斜角	rcls_slope	0.20	(20%)
土地利用形態	rcls_landuse2	0.10	(10%)

【評価式】

[rcls_inter] * 0.5 + [rcls_station] * 0.1 + [rcls_school] * 0.1 +
[rcls_slope] * 0.2 + [rcls_landuse2] * 0.1

4

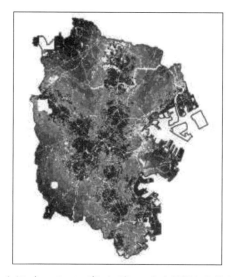

自動車道出入り口（インターチェンジ）に近いことを重視した場合の駐車場建設敵地

③ すべての条件に均等な重み付けをした場合

次に、以下の条件における最適地を、①と同様の手順で算出し、出力ラスタ名「evaluation3」で
出力して下さい。

【影響率】

すべてのデータセットに同じ影響率：0.2

【評価式】

[rcls_inter] * 0.2 + [rcls_station] * 0.2 + [rcls_school] * 0.2 +
[rcls_slope] * 0.2 + [rcls_landuse2] * 0.2

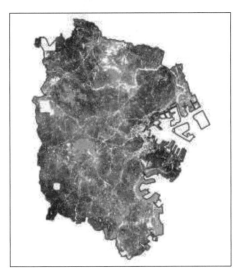

すべての条件に均等な重み付けをした場合の駐車場建設適地

Step 6 　検討結果をレイアウトしレポートする

1　用意されたマップビューSTEP5-1、STEP5-2、STEP5-3 に、それぞれ evaluation1、evaluation2、evaluation3 と横浜市行政界レイヤーをコピーします。

2　[挿入]タブから、[新しいレイアウト] （A4 横）を追加します。

3　新しく追加したレイアウトで、[挿入]タブの[マップフレーム] をクリックし、マップフレーム STEP5-1、STEP5-2、STEP5-3 を追加します。

4　追加されたマップフレームを均等な大きさで配置し、それぞれのマップフレームで同一の縮尺に設定し、縮尺記号や方位記号、タイトル等をレイアウトします。

5　レイアウトが完了したら、[共有]タブの[レイアウトのエクスポート]や、[レイアウトの印刷]で出力します。

6　プロジェクトを保存します。

　　[プロジェクト]タブ ＞ [名前を付けて保存] ＞ 「ex4.aprx」と名前を付けて保存します。

演習4　横浜パーク＆ライドプロジェクト

① 土地利用形態を重視した場合　② ICからの距離を重視した場合　③ すべての条件を均等重みづけした場合

学籍番号：2343000
氏名：　横浜　太郎

4

以上で、演習４を終わります。

第5章　　ベクター解析

演習 5　　ニューライフ。引っ越しプロジェクト

Course Schedule

Step	項目	おおよその必要時間		
		1回目	2回目	3回目
Step1	解析に必要なデータと環境の準備	5分	( )分	( )分
	① 演習データの確認			
	② 距離の単位の設定			
Step2	便利な地域を選ぶ	15分	( )分	( )分
	① 駅からのバッファーを作成する			
	② 酒類を買えるコンビニを選択する			
	③ コンビニからのバッファーを作成する			
	④ 便利な地域を作成する			
Step3	快適な地域を選ぶ	15分	( )分	( )分
	① 日当たりの良い地域を選ぶ			
	② 騒々しくない地域を選ぶ			
	③ 快適な地域を選ぶ			
Step4	空間検索を行う	15分	( )分	( )分
	① 便利かつ快適な地域を作成			
	② 候補のアパートを絞り込む			
Step5	属性テーブルの操作	10分	( )分	( )分
Step Up 1	属性テーブルのリレート	5分	( )分	( )分
Step Up 2	ネットワーク到達圏の作成	10分	( )分	( )分
Step Up 3	レイアウトの作成	20分	( )分	( )分

5

Introduction

　あなたは、大学院に進学を予定している学部生です。進学に向けて、4年間住んだアパートもそろそろ契約が切れる頃です。賃貸情報を検索して幾つかの候補は挙げられましたが、なかなか一つに絞れません。そこで、この演習では、「経済性」、「利便性」、「快適性」などを考慮して、目星を付けている幾つかの物件の中から一番条件の良い物件を検討します。

　以下の条件に当てはまる下宿先を探します

コンビニに近い（酒販売店）	利便性	優先順位：高
駅から近い		
日当たりが良好	快適性	
幹線道路から離れていて静か		
2年間での経費が安い	経済性	優先順位：低

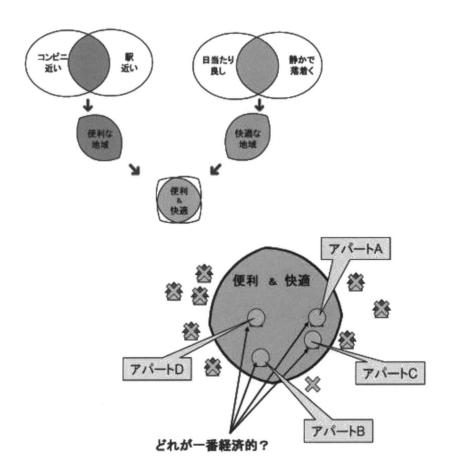

Goals

この演習が終わるまでに以下のことが習得できます。

内容	詳細
マップ・タブの管理	複数のマップ・タブを扱うことによって、段階的なジオプロセッシングを整理しながら実施するとともに、レイアウト・タブでの表現の幅を広げます。
空間処理	バッファー（緩衝地域）作成、ユニオン、インターセクト、クリップなどの解析ツールを利用します。
空間検索	空間条件によって、任意のフィーチャを抽出します。
フィルター設定	データセットから必要なものだけ条件設定して表示します
属性テーブルの操作	テーブル結合、リレーション、集計
総合的なレイアウト	意思決定の根拠となった空間要因を1枚のマップにまとめます。

Data

この演習では次のデータを解析に使用します。これら以外に Data フォルダには表示に必要なデータが含まれています。

主題	データ形式	図形タイプ	データソース	出典
アパート	Shapefile	Point	ex5/data/apart	独自に作成
コンビニ	Shapefile	Point	ex5/data/store	独自に作成
南向き	Shapefile	Polygon	ex5/data/elevation/dir_south	国土地理院 数値地図 50m メッシュ（標高）から作成
騒音道路	Shapefile	Line	ex5/data/transportation/noisy_road	国土地理院 数値地図 2500 から作成
駅	Shapefile	Point	ex5/data/transportation/station	国土地理院 数値地図 2500

Model

演習の流れは以下の様になっています。

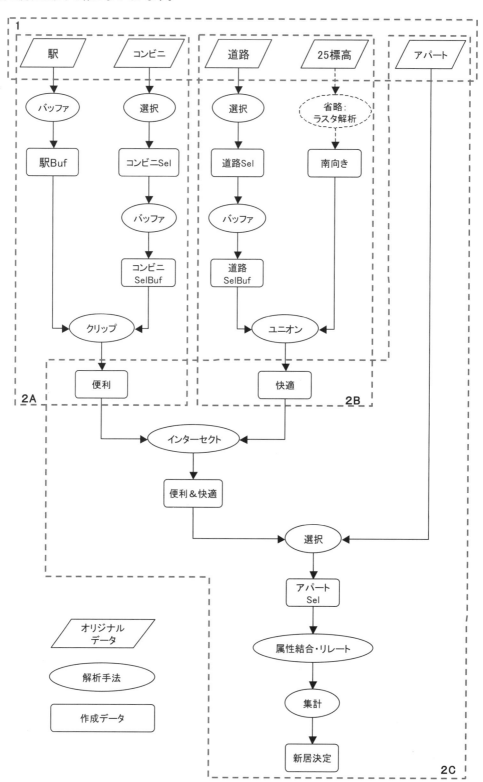

解析に必要なデータと環境の準備

① 演習データの確認

    🖱1 データのダウンロードを行い、解凍したフォルダのプロパティからサブフォルダも含めて読み取り専用を解除します。以降では、ダウンロードされたデータが、「D:¥gis_pro¥ex5」フォルダにコピーされているものとして説明します。

    🖱2 「D:¥gis_pro¥ex5」フォルダにあるプロジェクトファイル「ex5.aprx」　　　 をダブルクリックします。

    🖱3 マップ ビュー上部に 6 つのタブがあることを確認してください。

    🖱4 マップ ビュー上部の「標高」タブをクリックし、[コンテンツ]および マップ ビュー内の表示が切り替わることを確認してください。

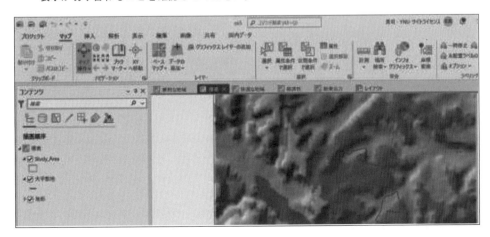

替わることを確認してください。

🖱6 各マップにどのようなレイヤーが追加されているかを確認してください。なお、グループ化されたレイヤーは「▷」（白い右向き三角)ボタンをクリックすると展開することができます。

② 距離の単位の設定

全てのマップに対して、表示単位の設定を確認・変更します。

🖱7 各マップ・タブで、[コンテンツ]ウィンドウのマップ名を右クリック ＞ [プロパティ] ＞ [一般]タブで、[マップ]の単位が「メートル」であることを確認し、[表示]の単位も、それぞれ「メートル」に設定します。これにより、マップ ビュー上でカーソルを動かした際に、下部の X,Y の単位が「メートル」表示となります。

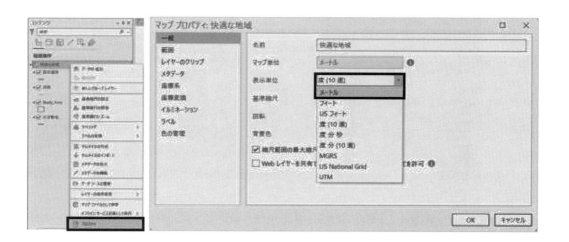

🔔 注意

この演習で使用しているデータは全て平面直角座標系で投影されているため、マップの単位はメートルと自動認識されています。変更できるのは表示の単位のみです。なお計測ツールのデフォルトはマップの単位に一致しています。

便利な地域を選ぶ

　次の作業は、用意された既存のデータから、解析のためのデータセットを作成します。ここでは、生活するために便利な地域がどこなのか検討します。考慮する点は以下の通りです。

条件	より具体的な条件	解析
駅から近い	相鉄線または地下鉄線の駅から1km以内	駅（「station」レイヤー）から、1kmのバッファーを作成
コンビニから近い	コンビニから500m以内	コンビニ（「store」レイヤー）から、500mのバッファーを作成
買い物に便利	コンビニで酒類が買える	コンビニ（「store」レイヤー）の属性フィールド「liquor」の値が「1」のフィーチャを抽出

> 🔔 **ヒント**
>
> 　本テキストでは空間処理計算を行う際に「解析」タブの「ツール」からジオプロセシング・ビューを開いて各機能を呼び出すよう記載しています。頻繁に使う機能があれば、当該ツールを右クリックし、「プロジェクトのお気に入りに追加」で登録しておくと便利です.

① 駅からのバッファーを作成する

　通学だけではなく、プライベートで夜遅くまで出かけた際の帰宅しやすさを求めるためにも、相鉄線・地下鉄線のいずれかの駅に近いほうが望ましいと思われます。駅のポイントデータを使って、そこからの直線距離で1kmのバッファーを計算します。

　🖱1　「便利な地域」タブをクリックします。

　🖱2　[ジオプロセシング]ウィンドウが表示されていない場合は、[解析]タブ ＞ [ツール]をクリックするか、[表示]タブ ＞ [ジオプロセシング] 🗄 をクリックします。

　🖱3　[ジオプロセシング]ウィンドウで、[ツールボックス]タブ ＞ [解析ツール] ＞ [近接] ＞ [バッファー] をクリックする、もしくは「ツールの検索」窓で「バッファー」と入力し、「バッファー（Bufffer）^(解析ツール)」を選択します。（もしくは、[解析] タブの [ツール] グループから、[バッファー]ツールを選択することも可能です。）

　🖱4　[パラメーター]タブ内の[入力フィーチャ]に「station」を選択します。

定し、「station_buf1km」と名付けます。

6 [バッファーの距離]の[距離単位]を「1」および「キロメートル」とし、[実行]をクリック
します。（「方法」は「平面」、「ディゾルブタイプ」は「なし」のままとします。）

作成されたバッファーレイヤーは、デフォルトで透過表示になっています。どこで設定されているかを確
認します。

7 [コンテンツ]の「station_buf1km」で右クリック ＞[シンボル]＞[プライマリ シンボル]
タブでバッファーに設定されている色の矩形をクリック＞[プロパティ]で、表示設定の
「色」の右側にある矩形でクリックして、「色プロパティ」から「カラーエディタ」ウィ
ンドウを表示します。ここの透過表示で設定されています。

この方法以外にも、「フィーチャ レイヤー」タブの、透過表示のパーセンテージからも変更することが
できます。

② 酒類が買えるコンビニを選択する

食料や日常雑貨を買ったり、ATM や複合機を使うときにはコンビニが近いと便利です。また、24 時間営
業で酒類が買えると、"宅飲み"で足りなくなった時の買出しに便利です。そこでまず、コンビニのポイン
トから酒類を販売している店から半径 500m 以内の地域を作成します。

1 「store」レイヤーを右クリック ＞[属性テーブルを開く]をクリックします。

「liquor」フィールドに 1 及び 0 が格納されています。酒類を販売している場合には「1」の値が、販売し
ていない場合は「0」の値が入力されています。
属性検索の機能を用いて、酒類販売店のみを新規選択します。

2 [マップ]タブ ＞[属性条件で選択]ツールをクリックします。

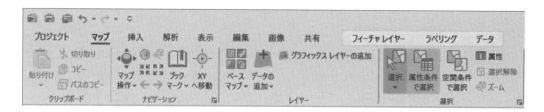

🖱3 [属性条件で検索]ウィンドウで、次のように指定します。

● [入力テーブル]のドロップダウンリストで、「store」を選択します。

● [選択タイプ]のドロップダウンリストは、「新しい選択」のままとします。

● Where 句 「liquor」 が「1」と等しい、として、[OK]をクリックします。
（sql のトグル・スイッチをオンにすると、"liqure"=1」と SQL 構文が完成されてることを確認できます）

　酒類を販売しているコンビニだけが選択されました。選択されたフィーチャは、マップ上で水色（デフォルト設定）にハイライト表示され、属性テーブルでもそのレコードが同様にハイライト表示されます。

③ コンビニからのバッファーを作成する
　次に、この酒類販売店から半径 500m 以内の地域を作成します。

🖱1 [ジオプロセシング]ウィンドウで[解析ツール] ＞ ［近接］ ＞ ［バッファー］ をクリックする、もしくは「ツールの検索」に「バッファー」と入力し、「バッファー（Bufffer)(解析ツール) 」を選択します。

🖱2 [入力フィーチャ]に「store」を選択します。
（直下に『①選択するコードを使用：11』と対象が絞られていることが分かります。）

🖱3 [出力フィーチャクラス]に「D:¥gis_pro¥ex5¥Default.gdb¥store_buf500m」を指定します。

🖱4 [バッファーの距離]の[距離単位]を「500」および「メートル」とし、[実行]をクリックします。

5

④ 便利な地域を作成する

作成した2つのバッファーが透過表示されているので、両方に含まれる領域があることが分かります。この重なった領域が、「便利な地域」となります。これを、新しいデータセットとして作成します。一つのレイヤーをもう一つのレイヤーで型抜き（クリップ）をして、共通領域を計算します。

🖱1　[ジオプロセシング]ウィンドウで[解析ツール] > [抽出] > [クリップ] をクリックする、もしくは「ツールの検索」窓で「クリップ」と入力し、「クリップ(Clip)(解析ツール)」を選択します。

🖱2　[入力フィーチャまたはデータセット]に「station_buf1km」を、[クリップフィーチャ]に「store_buf500m」を選びます。

🖱3　[出力フィーチャクラス]を「D:¥gis_pro¥ex5¥Default.gdb¥convenient_clp」とし、[実行]をクリックします。

📖　　**クリップ　CLIP**

入力レイヤーはクリップレイヤーの外周で切り抜かれます。その際、入力レイヤーの属性はそのまま継承されます。入力とクリップの順番で結果が異なってきます。

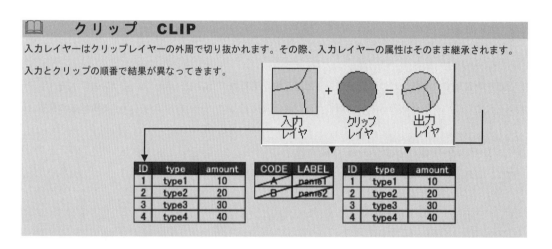

📖　　**作成データ名称の付け方**

空間処理を行う際に、どのような処理を行ったかがわかるように名前をつけると、後で見たときに便利です。

例）バッファー（BUFFER）：～_buf.shp、クリップ（CLIP）：～_clp.shp、ユニオン（UNION）：～_uni.shp、インターセクト（INTERSECT）：～_int.shp

Step 3

快適な地域を選ぶ

次のステップでは、用意された既存のデータから、生活するのに快適な地域がどこなのかを検討します。考慮する点は以下の通りです。

条件	より具体的な条件	解析
日当たりが良い	南向き（南東・南・南西）の地域	標高サーフェスから傾斜方向の計算した結果から抽出
騒音が少ない	幹線道路から100m以上離れた地域	道路データから抽出された幹線道路からバッファーを作成し、その範囲に含まれない領域を同定

① 日当たりがよい地域を選ぶ

人間だけではなくすべての動植物にとって太陽は重要な存在です。日当たりが良いと、洗濯物が乾きやすいうえ、湿気によるカビの発生を防ぐことが出来ます。そこで、日当たりの良さが比較的望める南向きの地域にアパートがあることを快適要因の一つとします。

まず、下図のようなマップとレイヤー名が表示されるようにします。

🖱1　「標高」タブをクリックします。

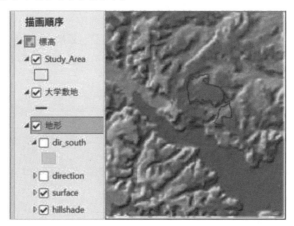

🖱2　「地形」グループレイヤーを、左側にある「▷」（白い右向き三角）ボタンをクリックし、展開します。

🖱3　地形の傾斜方向を示す「direction」レイヤーにチェックをつけて、凡例で斜面方向を確認します。

> 🔔 **注意**
> この中から、南向き（南東・南・南西）を示す領域のみを抽出したものが「dir_south」です。

🖱4 「dir_south」レイヤーを右クリック ＞ ［コピー］ ＞「快適な地域」タブをクリックします。

🖱5 ［コンテンツ］の「快適な地域」で右クリック ＞ ［貼り付け］をクリックします。

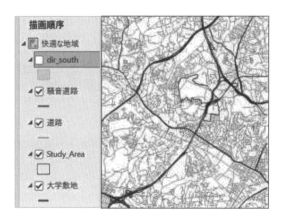

② 騒々しくない地域を選ぶ

　大学周辺には幹線道路があり、大きなトラックの通行や、夏の夜には未だに頻繁に違法な運転や騒音を伴って走る集団が通るため、これらの道路から近すぎても快適な生活を送ることが期待できません。そこで、幹線道路から100m以上離れた地域を検討するため、「騒音道路」から100mのバッファーを作成します。

🖱1 ［ジオプロセシング］ウィンドウで［解析ツール］ ＞ ［近接］ ＞ ［バッファー］をクリックする、もしくは「ツールの検索」窓で「バッファー」と入力し、「バッファー（Bufffer）^{（解析ツール）}」を選択します。

🖱2 ［入力フィーチャ］に「騒音道路」を選択します。

🖱3 ［出力フィーチャクラス］に「D:¥gis_pro¥ex5¥Default.gdb¥road_buf100m」を指定します。

🖱4 ［バッファーの距離］の［距離単位］を「100」および「メートル」、［ディゾルブタイプ］を「なし」とし、［実行］をクリックします。

次のステップで計算の負荷を軽減するために、必要に応じて以下の操作を実施します。

🖱5 ［ジオプロセシング］ウィンドウで［データ管理ツール］ ＞ ［ジェネラライズ］ ＞ ［ディゾルブ］をクリックします。

6 ［入力フィーチャ］に「road_buf100m」を選択します。

7 ［出力フィーチャクラス］に「D:¥gis_pro¥ex5¥Default.gdb¥road_buf100m_dslv」を指定し、
［実行］をクリックします。（1 つの図形＝属性テーブルが 1 行のフィーチャになります。）

🔔 **ヒント**

バッファー作成時にディゾルブタイプを［なし］から［すべてディゾルブ］に変更すると、さきほどの［ジェネラライズ］と同様に、重なり合うバッファーが同一フィーチャとなります。レコード数が減るため、計算負荷も軽減されます。この場合、③快適な地域を選ぶ 4 での検索条件式も併せて変更する必要があります。

---

8 「road_buf100m」を非表示にします。

③ 快適な地域を選ぶ

ここでは、日当たりが良い地域で、かつ騒音が少ない地域を［ユニオン］解析により作成します。

1 ［ジオプロセシング］ウィンドウで［解析ツール］＞［オーバーレイ］＞［ユニオン］をクリックします。

2 ［入力フィーチャ］に「dir_south」と「road_buf100m」（または「road_buf100m_dslv」を）選択します。

3 ［出力フィーチャクラス］に「D:¥gis_pro¥ex5¥Default.gdb¥comfort_uni」を指定し、［実行］をクリックします。

［ユニオン］で作成したレイヤーを用いて、「dir_south」に含まれる「road_buf100m」（または、「road_buf100m_dslv」）以外の領域だけを表示するように設定します。

4 ［コンテンツ］の「comfort_uni」レイヤーで右クリック ＞［プロパティ］＞［定義クエリ］＞［新しい定義クエリ］ボタンをクリックして、検索条件を入力してください。

Question

Q1. どのようなクエリ（検索条件）を入力すれば良いですか？ユニオンする前のそれぞれのレイヤーがどのような属性を持ち、ユニオンされたレイヤーの属性でどのように継承されているかを確認して考えてみましょう。

A1. （式）＿＿＿＿＿＿＿＿＿＿＿＿＿＿＿＿＿＿＿＿＿＿

🖰5 クエリを入力後に［適用］＞［OK］をクリックしてください。

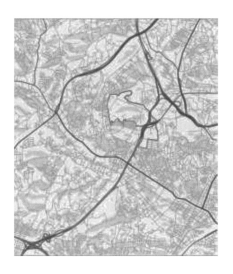

このような結果が表示されましたか？

📖 ユニオン　UNION

全ての入力フィーチャの情報（図形・属性）を併せ持つ新しいレイヤーが作成されます。

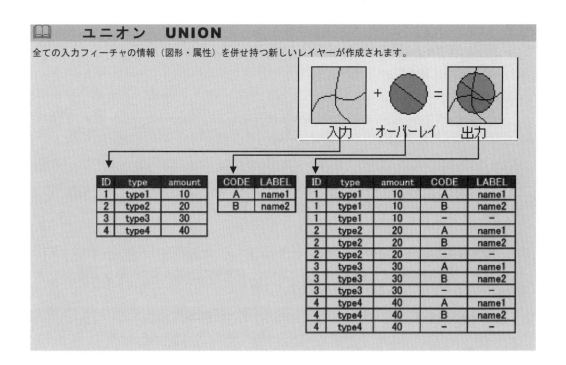

入力　オーバーレイ　出力

ID	type	amount
1	type1	10
2	type2	20
3	type3	30
4	type4	40

CODE	LABEL
A	name1
B	name2

ID	type	amount	CODE	LABEL
1	type1	10	A	name1
1	type1	10	B	name2
1	type1	10	–	–
2	type2	20	A	name1
2	type2	20	B	name2
2	type2	20	–	–
3	type3	30	A	name1
3	type3	30	B	name2
3	type3	30	–	–
4	type4	40	A	name1
4	type4	40	B	name2
4	type4	40	–	–

Step 4　空間検索を行う

　下宿先となるアパートは、Step2、Step3 でそれぞれ作成したレイヤーの共通領域に立地していることが望ましいです。その中でも、2 年間の契約期間で最も経費のかからない物件を選びたいものです。

　そこで、まず便利かつ快適な場所を表すレイヤーを作成し、その中に含まれる物件を絞り込んでいきます。さらに、家賃や敷金礼金、仲介料を含めてトータルコストを計算し、最も安い物件を探します。

①　便利＆快適な地域を作成

　このステップでは、「経済性」タブで解析を行っていきます。前のステップで作成した「便利な地域」と「快適な地域」を表すデータを「経済性」タブにコピーしましょう。

🖱1　「便利な地域」タブの「convenient_clp」レイヤーを右クリック ＞［コピー］＞「経済性」タブをクリック ＞［コンテンツ]の「経済性」で右クリック ＞［貼り付け］をクリックします。

🖱2　「快適な地域」タブの「comfort_uni」レイヤーを右クリック＞［コピー］＞「経済性」タブをクリック ＞［コンテンツ]の「経済性」で右クリック ＞［貼り付け］をクリックします。

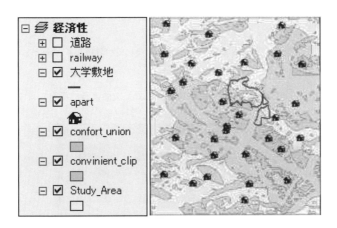

🖱3　［ジオプロセシング]ウィンドウで［解析ツール］＞［オーバーレイ］＞［インターセクト］をクリックします。

🖱4　「入力フィーチャ」に「convenient_clp」と「comfort_uni」を選択します。

🖱5　［出力フィーチャクラス]に「D:¥gis_pro¥ex5¥Default.gdb¥location_int」を指定し、［実行］をクリックします。

🖰6　「convenient_clp」と「comfort_uni」を非表示にします。

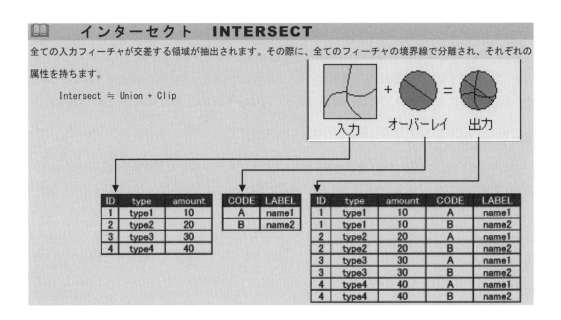

📖　**インターセクト　INTERSECT**

全ての入力フィーチャが交差する領域が抽出されます。その際に、全てのフィーチャの境界線で分離され、それぞれの
属性を持ちます。

Intersect ≒ Union + Clip

これらの操作によって、便利かつ快適な地域を求めることが出来ました。

② 候補のアパートを絞り込む

便利な地域「location_int」に重なるアパート物件「apart」を選択して、新規レイヤーとして保存します。

🖰1　［マップ］タブ ＞ ［空間条件で選択］をクリックして、次のように指定します。

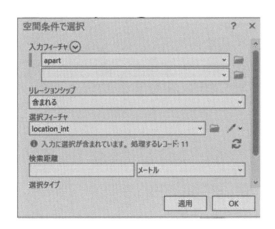

🖰2　［適用］ボタンをクリックして、「OK」ボタンをクリックします。

次に、選択された候補物件だけのレイヤーを「apart_sel」として別名保存します。

🖰3　[コンテンツ]の「経済性」の「apart」レイヤーで右クリック ＞ [データ] ＞ [フィーチャの
　　　エクスポート] をクリックします。

🖰4　[入力フィーチャ]に「apart」を、[出力フィーチャクラス]に
　　　「D:¥gis_pro¥ex5¥Default.gdb¥apart_sel」を指定し、[OK]をクリックします。

さらに、「apart_sel」の属性テーブルでフィールド名と属性値を確認します。

🖰5　[コンテンツ]の「apart_sel」レイヤーで右クリック ＞ [属性テーブル]をクリックします。

Question

Q2.　OBJECTID、Shape 以外にフィールドは何がありましたか？

属性テーブル：apart_sel

OBJECTID	Shape	(　　　　)
0	Point	1
‥‥‥	‥‥‥	‥‥‥

属性テーブルの操作

条件に合う地域の候補物件「apart_sel」の中から、自分の希望する家賃のアパートを抽出します。アパートの家賃に関する情報が保存されている別テーブルを、「apart_sel」レイヤーに関連付けて、家賃を参照できるようにしましょう。

🖱1　[コンテンツ]の検索窓の下で[データ ソース別にリスト]ボタンをクリックします。

「apart_name」、「apart_fee」、「apart_owner」の属性テーブルを開き、フィールド名を確認して次ページ Q.3 の空欄に記入します。更に、「OID」、「OBJECTID」以外で共通な属性フィールドは矢印←→で結ばれています。

🖱2　[コンテンツ]の「apart_name」テーブルで右クリック ＞[開く]

🖱3　[コンテンツ]の「apart_fee」テーブルで右クリック ＞[開く]

🖱4　[コンテンツ]の「apart_owner」テーブルで右クリック ＞[開く]

> 🔔 **注意**
> 共通なフィールドとは、共通キーとなる同じ性質（値や型）を持つフィールドのことで、フィールド名自体が同じである必要はありません。

Question

Q3.フィールド名とテーブル間の関連性を確認してみましょう。

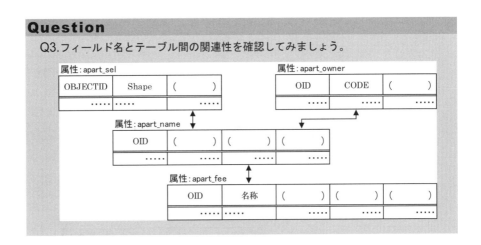

　すると、「apart_sel」から2年間の経費を計算するためには、「apart_name」テーブルを仲介して「apart_fee」テーブルにつなぐ必要があると分かります。では実際に「apart_sel」に対してテーブル結合の設定を行います。

　🖱5　[コンテンツ]の「apart_sel」レイヤーで右クリック ＞ [テーブルの結合とリレート] ＞ [結合]をクリックします。

　🖱6　[テーブルの結合]ダイアログで、[入力フィールド]に「ID」、[結合テーブル]に「apart_name」、[結合フィールド]に「ID」を選び、[OK]をクリックします。

　🖱7　[コンテンツ]の「apart_sel」レイヤーで右クリック ＞ [属性テーブル]「apart_sel」の属性テーブルを開き、右側にフィールドが結合されたことを確認します。この時、フィールド名に対して自動的にエイリアス設定がなされているため、元のフィールド名がそのまま表示されていますが、各フィールド名で右クリックして[フィールド]からフィールドビューーを開くと、[フィールド名]が『元のテーブル名.（ドット）元のフィールド名』で登録されていて、属性検索などを行う際に区別しやすいようになっています。

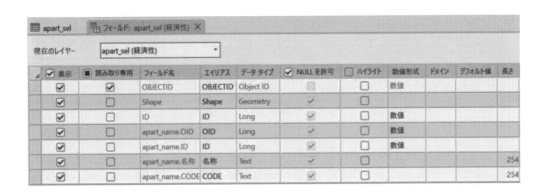

次に、再び「apart_sel」に対してテーブル結合を行います。今度は「apart_fee」を結合させます。

🖰8 [コンテンツ]の「apart_sel」レイヤーで右クリック ＞ ［テーブルの結合とリレート］ ＞
［結合］をクリックします。

🖰9 ［テーブルの結合］ダイアログで、［入力フィールド］に「名称」、［結合テーブル］に
「apart_fee」、［結合フィールド］に「名称」を選び、［OK］をクリックします。

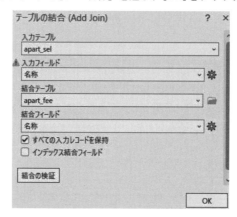

「apart_sel」のテーブルを開き、右側に家賃が結合されたことを確認してください。

なお、「家賃」フィールドは一月当たりの金額を示し、単位は（万円）です。一方で敷金・礼金フィールドの値は家賃の1ヶ月分、2か月分など相当する月数を示しています。

	OBJECTID	Shape	ID	OID	ID	名称	CODE	OID	名称	家賃	敷金	礼金
1	1	ポイント	3	2	3	CRIER和田	A	2	CRIER和田	7	1	2
2	2	ポイント	4	3	4	カバヤ・ハイツ	B	3	カバヤ・ハイツ	8	2	1
3	3	ポイント	6	5	6	ヴィラ佐土原	D	5	ヴィラ佐土原	6.4	2	1
4	4	ポイント	8	7	8	ベルエア	C	7	ベルエア	7.2	2	1
5	5	ポイント	10	9	10	ガーデンヒルズ仏向III	C	9	ガーデンヒルズ仏向III	7.2	2	1
6	6	ポイント	11	10	11	赤門第参葉月ビル	D	10	赤門第参葉月ビル	8.3	1	0
7	7	ポイント	12	11	12	ホワイトハイツ	D	11	ホワイトハイツ	7.3	2	1

そして、2年間を契約する前提で、その間にかかる経費を新規のフィールドを加えて計算をします。

👆10　「apart_sel」テーブルの［属性テーブル］で　［追加］ボタン　をクリックします。

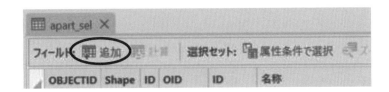

👆11　「apart_sel」テーブルのフィールドビューの最終行で、フィールド名：「合計経費」、データタイプ：「Float」、数値形式：「数値」、桁数：「1」と入力し［OK］ボタンをクリックします。

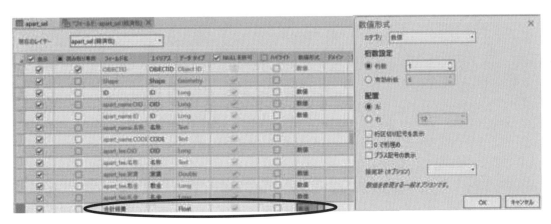

📖　**フィールドの種類**

フィールド種類によって、記憶領域のサイズや格納できる値の範囲と精度がそれぞれ異なります。

皆さんは0から9の数字と正負号、小数点で表される10進法に慣れていますが、コンピュータでは2進法が扱われます。2進法ではさまざまな種類の数字データを符号も含めて0と1のみから構成します。この数字を表すための種類を理解することが、どれを使用するか決める際に役立ちます。

- ■　Short Integer
- ■　Long Integer
- ■　Float
- ■　Double
- ■　テキスト
- ■　日付
- ■　Blob　・・・等

🖱12　[フィールド]タブにある[保存]ボタンをクリックする（もしくは、「apart_sel」テーブルのフィールドビューの任意の場所で右クリックから[保存]をクリックすると、「apart_sel」テーブルに[apart_sel.合計経費]フィールドが作成されているので、フィールド名で右クリック ＞ [フィールド演算]

🖱13　Apart_sel.合計経費＝

　　　「!apart_fee.家賃! ＊ (!apart_fee.敷金! ＋ !apart_fee.礼金! ＋ 24 ＋ 1)」

　　　と入力し、[OK]ボタンをクリック。

　ここでは敷金・礼金に加え、2年間（24ヶ月）の経費として計上します。仲介料金は、どの不動産屋も1ヶ月分とします。

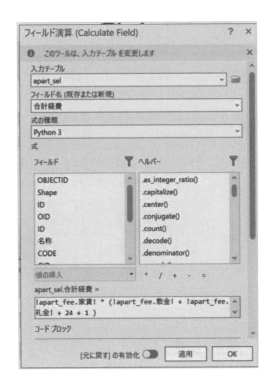

フィールドが多すぎて見にくいので、結合「aprat_fee」を解除して見易くします。

🖱14　「apart_sel」で右クリック ＞ ［テーブルの結合とリレート］＞［結合の解除］でダイアログを開き、［結合］で［apart_fee］を選択し、［OK］をクリックします。

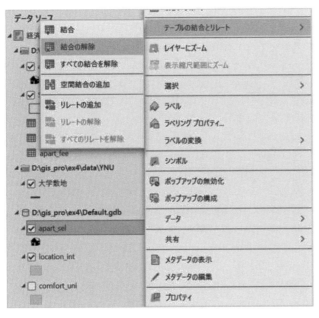

> 🔔 **注意**
>
> 新規追加のフィールドは解除後も消えません。また、結合を削除しても結合先のテーブル自体が削除される訳ではありません。

最も経済的なアパートを選ぶために、合計経費を並べ替えて見つけやすくします。

🖱️15　［apart_sel.合計経費］フィールドで右クリック ＞ 📊 昇順に並べ替え

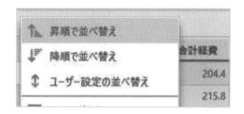

Question

Q4.　最も経済的なアパート名は何ですか？

A4.＿＿＿＿＿＿＿＿＿＿＿＿＿＿＿＿＿＿＿

お疲れ様でした。

　あなたは『利便性』、『快適性』、『経済性』を考慮して、複数の空間条件、属性条件を考慮した上で、物件を1つに絞り込むことが出来ました。

　ここまでの内容を理解できた人は、次のステップアップ問題に進んでみましょう！

Step Up 1　属性テーブルのリレート

　次に知りたいことは、どこの不動産屋が仲介しているのかということでしょう。現段階ではアルファベットのコードで記されているため具体的な名称が分かりません。そこで、「apart_owner」テーブルを関連付けます。レコード数が少ないので、これまでと同様に結合でも良いのですが、練習のためにリレートを作成します。

📖　リレートとテーブル結合

　指定した属性フィールドの値に対応させて、2つの異なるテーブルデータを仮想的に結合するのが「テーブル結合」です。テーブル結合はテーブルデータが1対1、または多対1の関係にあるときに有効です。

　また、テーブル結合と同じようなものにリレートがあります。テーブル結合は結合先にもう一方のテーブルデータが追加されますが、リレートは2テーブル間の関係が定義されるのみで実際にデータは追加されません。リレートはテーブルデータが1対多、または多対多の関係にあるとき有効です。

例）生徒の氏名と学籍番号

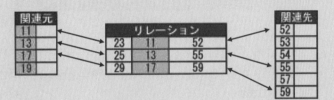

例）電柱と変圧器
　　大分類コードと
　　小分類コード

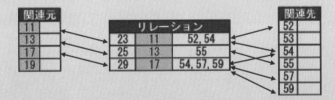

例）土地と地主
　　不動産と管理会社

例）サークル内恋愛

👆1 [コンテンツ]の「apart_sel」レイヤーで右クリック ＞ [テーブルの結合とリレート] ＞ [リレートの追加]

👆2 [リレート]ダイアログで、[入力リレートフィールド]に「CODE」、[リレート先のテーブル]に「apart_owner」、[出力リレートフィールド]に「CODE」を選択し、[リレート名]に「owner」と記入し、[OK]をクリックします。

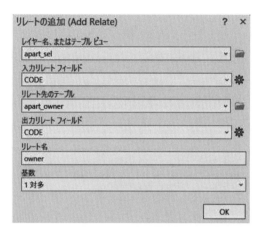

👆3 「apart_sel」の属性テーブルを開き、先程探し出した物件を示すレコードを選択 ＞ 選択した状態で[テーブル メニュー（右上の3本線）] ＞ [関連データ] ＞[apart_owner]をクリックします。

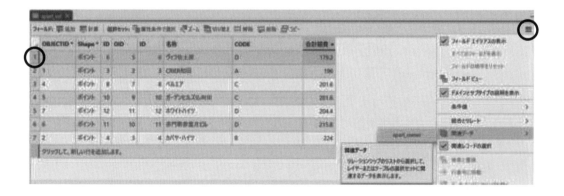

　このように、合計経費が最小のレコードを1つ選択した状態で、リレーションシップ名を呼び出すと、リレート先のテーブルが現れ、関連するレコードが選択された状態となります。リレート関係を一度作成すると、逆方向に選び出すことも可能です。（例）ある不動産会社が管理する物件だけ選択したいとき等

Question

Q5.　どの不動産屋に行けばよいですか？

A5.　_____

5

Step Up 2　ネットワーク到達圏の作成

※本ステップには、拡張機能「Network Analyst」のライセンスが必要です。

　ジオプロセシングの[バッファー]で作成した図形は、入力するポイントデータが中心となる同心円でした。道のりに沿って詳細な到達圏は「ネットワーク解析」で描くことが可能です。

☞1　「便利な地域」を開き，[解析]タブの[ネットワーク解析] > [データソース] > [参照]をクリックし、「D:¥gis_pro¥ex5¥StepUp.gdb¥road¥ND」を選びます。

☞2　[解析]タブの[ネットワーク解析] > [到達圏]をクリックします。

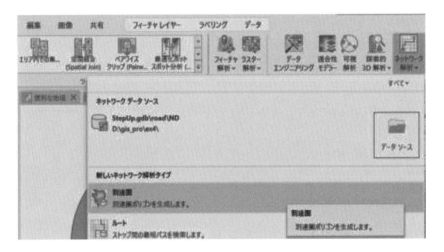

☞3　[到達圏レイヤー]コンテキストタブ > [施設のインポート]ボタン をクリックし、ロケーションの追加]ダイアログを開き、[入力ロケーション]を「station」として、[OK]をクリックします。

☞4　[到達圏レイヤー]コンテキストタブで、次の設定をし、[実行]ボタンをクリックします。
<移動モード>
　◇　モード：運転距離
　◇　方向：施設から
　◇　カットオフ：1
<出力ジオメトリ>
　◇　標準精度
　◇　ディゾルブ
　◇　ディスク

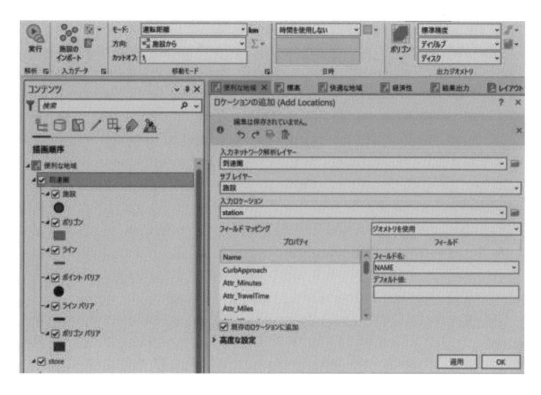

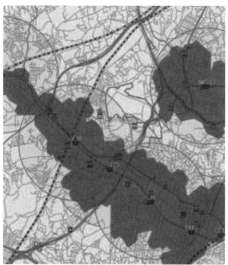

このような結果が表示されましたか？

　道路に沿って 1km の到達圏が分かることによって、駅から 1km のバッファーを描いた時よりも詳しい条件で検討することが可能となります。

📖　ネットワーク解析用のデータセット

ネットワークはノード（エッジの端点。例えば、交差点）とエッジ（ノードをつなぐ線分。例えば道路）と、それらに対するコスト（エッジの重み。例えば、道路距離、傾斜、積雪量）で構成されています。

■ネットワークデータセットの構築方法

　１）事前にジオデータベース、フィーチャデータセットを作成する。

　２）フィーチャデータセットにはソースとなるリンク（道路）データを格納する。

　３）ネットワークデータセットを作成する。

　※　使用するデータはすべて同じ投影座標系で揃えておく。

＜具体な手順＞

✧　[カタログ ビュー]もしくは[カタログ ウィンドウ]のデータツリーでジオデータベース内にフィーチャデータセット（箱）を作成します。

✧　作成したフィーチャデータセットに、ソース（例えば、道路中心線のシェイプファイル）をインポートしてフィーチャクラスにします。

✧　フィーチャデータセットに内に、ネットワークデータセット（以降、「ND」とする）を作成するために、[ジオプロセッシング]で[ネットワークデータセットの作成]で、ND 名を命名し、ソースとなるフィーチャクラス等を選択します。ソースデータがラインだけの場合、ジャンクションデータも生成されます。

✧　作成された ND が[コンテンツ]に自動で追加されるので一旦削除します。その上で、[カタログ ビュー]もしくは[カタログ ウィンドウ]から、ND の[プロパティ]を開きます。

✧　[移動属性]グループの[コスト]タブを開き、右上のメニュー（＝三本横線）から、[新規作成]をクリックし、そのプロパティを設定していきます。

✧　コストはデフォルトで「●メートルの到達圏」を解析可能ですが、本 StepUp 用の ND では「時速■で移動するときに●分の到達圏」も解析できるよう、以下のように新規コストを設定しました。

　・名前：毎時 30km での所要時間

　・単位：分

　・エッジ（順方向）：タイプ=関数、値=Length / 500　※時速 30km＝分速 500m

　・エッジ（逆方向）：順方向と同じ

✧　解析]タブのある[ネットワーク解析]ボタンで、データソースに上記の ND が指定されているか確認します。

✧　同じく、[解析]タブの[ネットワーク解析] ボタンで、[新しいネットワーク解析タイプ]から、実行したい解析を選びます。

Step Up 3 レイアウトの作成

新たな生活を送るべく "住みたい" アパートは決定したのですが、預金通帳を見ると残高があまりあり
ません。引越し資金が足りないので、スポンサー（親）に相談しなくてはなりません。うまく説得できる
ように今回考慮した内容が伝わるようにレイアウトを作成してみましょう。

> 🔔 **ヒント**
>
> データフレームを複数使用すると便利です。
>
> レイアウトに必要な要素（マップ、凡例、縮尺記号、方位など）は全て[挿入]メニューバーから配置
> することができます。
>
> それぞれの要素にはプロパティ設定があり、シンボルの形状や色を変更できます。
>
> 地図のタイトルや作成日時、作者なども記入する。

Answer

Q1. 検索条件設定にどのような式を入力すれば良いですか？

A1.（式）GRIDCODE = 1 And BUFF_DIST = 0

Step3②4 で［ディゾルブタイプ］を「すべてディゾルブ」にした場合は

（式）"GRIDCODE" = 1 AND "FID_road_buf100m " = -1

Q2. OBJECTID、Shape 以外にフィールドは何がありましたか？

A2.　　ID

Q3. フィールド名とテーブル間の関連性を確認してみましょう。

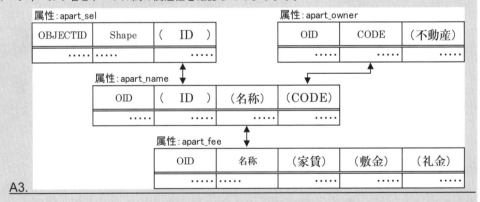

A3.

Q4. アパート名は何ですか？

A4.　　ヴィラ佐土原

Q5. どの不動産屋に行けばよいですか？

A5.　　エステー

第6章　　データの作成・編集（既存データの統合）

演習6　　HODOGAYA マップをつくろう

Course Schedule

Step	項目	おおよその必要時間		
		1回目	2回目	3回目
Step1	既存データの入手・準備	20分	（　）分	（　）分
	① 「基盤地図情報」のダウンロード			
	② 「基盤地図情報」のインポート （アドインツールの準備と変換）			
	📖 アドインツール			
	📖 基盤地図情報			
	③ 「国勢調査」データのダウンロード			
	📖 地図で見る統計（jSTAT MAP）			
	④ 「国土数値情報」のダウンロード			
	📖 国土数値情報			
Step2	ベクターデータの編集・統合	40分	（　）分	（　）分
	① 演習の準備			
	② 横浜市マップの加工・編集			
	③ 交通マップの加工・編集			
	④ 人口マップの加工・編集			
	⑤ 土地利用マップの加工・編集			
	📖 国勢調査データ			
	⑥ 地形マップの加工・編集			
Step3	ラスターデータの編集・統合	20分	（　）分	（　）分
	① 基盤地図情報　数値標高モデル（DEM）の変換			
	📖 基盤地図情報（数値標高モデル）			
	② 地図参照の定義と投影変換			
	③ 標高サーフェスの作成 （標高ポイントの内挿→グリッド変換）			
Step4	レイアウト	10分	（　）分	（　）分

6

Introduction

　GIS を利用する際に最初に問題となるのが、GIS データの準備です。GIS データは、「自分で作成する」方法のほか、「販売されているデータを購入する」「無償のデータを入手する」等の方法で準備をします。近年、インターネットで無償公開されるオープンデータが増えつつあり、これに GIS データも含まれます。例えば、国土地理院では「基盤地図情報サイト」を設けており、国土地理院が整備した日本全国の基盤地図情報を無償で閲覧・ダウンロードできます。本章では、インターネット上にある GIS データを入手し、利用できる形に加工することを学びます。

Goals

この演習が終わるまでに以下のことが習得できます。

内容	詳細
GIS データ入手	国土地理院のウェブサイトより基盤地図情報を、政府統計の窓口（e-Stat）より国勢調査データを、国土交通省のウェブサイトより国土数値情報（土地利用詳細メッシュデータ）をダウンロードして入手する。他に無償で提供されている GIS データのダウンロードサイトを把握する。
基盤地図情報の変換	基盤地図情報を、変換ツール（アドインツール）を用いて、ArcGIS で使用できるように変換する。
ベースマップ（ArcGIS Pro ベースマップギャラリー）の利用	Esri 社が管理・提供するベースマップ（地図や衛星写真）をArcGIS 上で表示・参照する。
データ編集	既存データを編集する。新規フィーチャおよび新規フィーチャクラス（新規レイヤー）の作成方法も学ぶ。
ジオプロセシング	基礎的なジオプロセシング（クリップ、マージ、ディゾルブ）の方法を学ぶ。
投影変換	日本測地系から世界測地系へ変換する。

Data

この演習では次のデータを使用します。

主題	データ形式	図形タイプ	データソース	出典
行政区画	Shapefile	Polygon	ex6¥data¥hodogaya.shp	
行政区画		Polygon	ex6¥data¥FG-GML¥FG-GML-5239**-AdmArea-2023****-0001.xml	基盤地図情報基本項目（国土地理院）
道路縁		Line	ex6¥data¥道路縁.lyrx	
軌道の中心線	JPGIS(GML)	Line	ex6¥data¥FG-GML-533914-08-20230401.zip	
等高線		Line	ex6¥data¥FG-GML-533914-09-20230401.zip	
標高点		Point		
国勢調査小地域境界（人口）	Shapefile	Polygon	ex6¥data¥r2ka14106.shp	政府統計の窓口（e-Stat）
土地利用詳細メッシュ	Shapefile	Polygon	ex6¥data¥L03-b-c-16_5339.shp	国土数値情報（国土交通省）
DEM5m 標高（数値標高モデル 5m）	JPGIS(GML)	ラスター	ex6¥data¥FG-GML-5339-14-DEM5A.zip	基盤地図情報数値標高モデル（国土地理院）
DEM10m 標高（数値標高モデル10m）			ex6¥data¥FG-GML-5339-14-dem10b-20161001.xml	
地形図（ArcGIS マップサービス）	画像	画像	インターネット（ArcGIS Online）	

6

既存データの入手・準備

GIS を利用する際に最初に問題となるのが、GIS データの準備です。GIS データは「自分で作成する」方法の他に、「販売されているデータを購入する」「無償で使えるデータを入手する」等の方法があります。現在、インターネット上には多くの無償の GIS データが公開されています。本章では、これらの GIS データを入手し、利用できる形に加工することを学びます。

🖰1　演習データのダウンロードを行い、解凍したフォルダーのプロパティからサブフォルダも含めて読み取り専用を解除します。以降では、ダウンロードされたデータが、「D:¥gis_pro¥ex6」フォルダーにコピーされているものとして説明します。

① 「基盤地図情報」のダウンロード

インターネット上の国土地理院「基盤地図情報」閲覧サイトにアクセスし、"保土ケ谷区"の軌道の中心線データをダウンロードします。

🖰2　Web ブラウザを起動し、以下 URL にアクセスします。
　　URL：　https://www.gsi.go.jp/kiban/

🖰3　基盤地図情報（基本項目）標高点と軌道の中心線の「神奈川県横浜市保土ケ谷区」範囲のデータをダウンロードします。（検索条件指定で「全項目」のチェックを外してから「標高点」「軌道の中心線」、選択方法指定で「都道府県または市区町村で選択」を選び、「神奈川県」「横浜市保土ケ谷区」を指定。）適宜、ダウンロードサービス（国土地理院 共通ログイン管理システム）利用者登録を行ってください。

　　保存先フォルダー　D:¥gis_pro¥ex6¥data

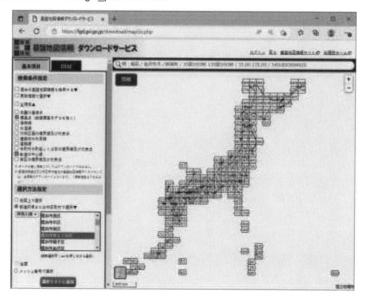

② 基盤地図情報のインポート

　基盤地図情報のフォーマットは、JPGIS（地理情報標準プロファイル／ Japan Profile for Geographic Information Standards）に準拠した GML 形式です。これを ArcGIS Pro で読み込み利用できるように変換する必要があります。ここで使う「変換ツール（国内データ）for ArcGIS Pro」は、日本の各種団体で規定・提供されている仕様のデータを ArcGIS Pro で利用するためのアドインツールで、ESRI ジャパンのウェブサイトで提供されています。このツールを利用して基盤地図情報を変換してみましょう。

4　「D:¥gis_pro¥ex6」フォルダー内のプロジェクトファイル「ex6.aprx」をダブルクリックします。（既に［国内データ］タブが追加されている場合は、8 へ進んでください。）

5　アドインツール「変換ツール（国内データ）for ArcGIS Pro」を ESRI ジャパンのサイト（ArcGIS リソース集）からダウンロードし、拡張子「*.esriAddinX」ファイルを任意の共有フォルダーにコピーします。

6　［プロジェクト]タブ ＞［アドインマネージャー］をクリックします。［アドインマネージャー］の［オプション］をクリックし、［フォルダーの追加］ボタンから、5 でアドインツールをコピーした共有フォルダーを指定し、［追加のアドインを検索するフォルダー］に指定したフォルダーのパスが表示されていることを確認し、ArcGIS Pro を終了します。

7　ArcGIS Pro を再起動し、ex6.aprx を開いて、アドインが有効になっている（［国内データ］タブが追加されている）こと

を確認してください。［プロジェクト]タブ ＞［アドインマネージャー］＞［アドイン]の[マイアドイン]に、「変換ツール（国内データ）for ArcGIS Pro)」が表示されていることも確認してください。

8　［国内データ]タブ ＞［国土地理院］＞［基盤地図情報のインポート]をクリックし、［基盤地図情報のインポート]ウィンドウを立ち上げます。

9　入力ファイルとして以下のファイルを指定し、出力先を確認して［実行］します。

（設定条件）

> ・入力ファイル：D:¥gis_pro¥ex6¥data¥FG-GML-533914-08-20230401.zip（軌道の中心線）
> 　　　　　　　　D:¥gis_pro¥ex6¥data¥FG-GML-533914-09-20230401.zip（標高点）
> ・出力ジオデータベース：D:¥gis_pro¥ex6¥ex6.gdb（デフォルト）

※ファイル名はデータ更新された場合に（末尾 8 桁の数字など）変更されることがあります。
※データ提供サイトからデータをダウンロードできなかった場合は、

　D:¥gis_pro¥ex6¥results¥FG-GML-533914-08-20230401.zip

　D:¥gis_pro¥ex6¥results¥FG-GML-533914-09-20230401.zip のデータを使用してください。

🖱10　次に横浜市域の「行政区画」データを変換します。

［国内データ］タブ ＞ ［国土地理院］ ＞ ［基盤地図情報のインポート］をクリックし、［基盤地図情報のインポート］ウィンドウの入力ファイルとして、D:¥gis_pro¥ex6¥data¥FG-GML フォルダー内にある以下の XML ファイルを指定してください。これらは、事前に基盤地図情報ダウンロードサイトから入手したファイルです。

（設定条件）

・入力ファイル：FG-GML-523974-AdmArea-20230701-0001.xml
　　　　　　　　FG-GML-523975-AdmArea-20230701-0001.xml
　　　　　　　　FG-GML-523903-AdmArea-20230401-0001.xml
　　　　　　　　FG-GML-523904-AdmArea-20230401-0001.xml
　　　　　　　　FG-GML-523905-AdmArea-20230401-0001.xml
　　　　　　　　FG-GML-523913-AdmArea-20230401-0001.xml
　　　　　　　　FG-GML-523914-AdmArea-20230401-0001.xml
　　　　　　　　FG-GML-523915-AdmArea-20230701-0001.xml
　　　　　　　　FG-GML-523923-AdmArea-20230401-0001.xml
　　　　　　　　FG-GML-523924-AdmArea-20230401-0001.xml
　　　　　　　　FG-GML-523925-AdmArea-20230701-0001.xml
　　　　　　　　FG-GML-523934-AdmArea-20230701-0001.xml

・出力ジオデータベース：D:¥gis_pro¥ex6¥ex6.gdb（デフォルト）

　☑同一種別のレイヤーは 1 レイヤーとして保存（デフォルト）

・測地系：JGD2011

📖　アドインツール

日本国内用のツールはアドインツールとして提供されています。変換ツール（国内データ）for ArcGIS Pro は、国土地理院の基盤地図情報（基本項目、数値標高モデル）データの他に、日本国内で利用されている DM データ（国土交通省公共測量作業規程に基づいて作成されたデータ）や法務省地図 XML データを変換することができます。(株)ゼンリンから発売されている Zmap データを変換し、ArcGIS Pro で利用するための変換ツールなども提供されています。

📖　基盤地図情報

基盤地図情報は、2017 年 8 月に施行された「地理空間情報活用推進法」に基づく、「地理空間情報の位置を定めるための基準」となる地図情報で、GIS の共通白地図データとしても使えます。また、同法で「国は、保有する基盤地図情報等を原則としてインターネットにより無償で提供する」こととされています。国土地理院では、都市計画区域は縮尺レベル 2500 以上で、都市計画区域外は縮尺レベル 25000 以上で基盤地図情報（基本項目）を整備・提供し、標高データ（数値標高モデル）等も整備・提供しています。「基本項目」の主なデータは以下のとおりです。

□データ種別（図形タイプ）[出力名称]

■行政区画（ポリゴン）[AmdArea]	■等高線（ポリライン）[Cntr]	■軌道の中心線（ライン）[RailCL]
■行政区画線（ライン）[AdmBdry]	■町字界線（ライン）[CommBdry]	■道路縁（ライン）[RdEdg]
■行政区画代表点（ポイント）[AdmPt]	■町字の代表点（ポイント）[CommPt]	■水　域（ポリゴン）[WA]
■建築物（ポリゴン）[BldA]	■標高点（ポイント）[ElevPt]	■水涯線（ライン）[WL]
■建築物の外周線（ライン）[BldL]	■測量の基準点（ポイント）[GCP]	

③ 「国勢調査」データのダウンロード

政府統計ポータルサイト「政府統計の総合窓口（e-Stat）」にアクセスし、"横浜市保土ケ谷区"の国勢調査データをダウンロードします。

🖱11 Webブラウザを起動し、以下URL（e-Stat統計地理情報システム）にアクセスします。

URL： https://www.e-stat.go.jp/gis

🖱12 「境界データダウンロード」ページに進み、「横浜市保土ケ谷区」の国勢調査小地域（町丁・字等）境界データと「定義書」をダウンロードします。

（設定条件）

> ・境界一覧：小地域
> ・政府統計名：国勢調査
> ・調査年：2020年
> ・集計単位：小地域（町丁・字等）（JGD2011）
> ・データの形式：世界測地系緯度経度・Shapefile
> ・地域：神奈川県／14106 横浜市保土ケ谷区

🖱13 ダウンロードしたZipファイルを解凍して、以下のフォルダーに保存します。

保存先フォルダー　D:¥gis_pro¥ex6¥data

📖 地図で見る統計（jSTAT MAP）

政府統計の総合窓口（e-Stat）では、各種統計データを地図上に表示し、視覚的に統計を把握できる地理情報システムとして「地図で見る統計（jSTAT MAP）」を提供しています。あわせて、jSTAT MAPに登録されている小地域や地域メッシュ統計などの統計データおよび境界データも提供しています。境界データに統計データをテーブル結合することで、国勢調査、事業所・企業統計調査、経済センサス、農業センサスの結果を地理空間情報として扱うことができます。

④ 「国土数値情報」のダウンロード

国土交通省「国土数値情報ダウンロードサービス」サイトにアクセスし、「横浜市保土ケ谷区」の土地利用詳細メッシュデータをダウンロードします。

🖱14 Webブラウザを起動し以下URL（国土数値情報ダウンロードサービス）にアクセスします。

URL： https://nlftp.mlit.go.jp/ksj/

🖱15 国土（水・土地）データのうち、土地利用詳細メッシュデータ（50mメッシュ，令和3年度）について、横浜市保土ケ谷区を含む図郭（5339）を指定して、ダウンロードします。

🖱16 ダウンロードしたZipファイルを解凍して、以下のフォルダーに保存します。

保存先フォルダー　D:¥gis_pro¥ex6¥data

📖 国土数値情報

「国土数値情報」は、国土交通省国土政策局によって、国土形成計画、国土利用計画の策定等の国土政策の推進に資するために、地形、土地利用、公共施設などの国土に関する基礎的な情報をGISデータとして整備されたものです。そのうち公開に差し支えないものについて、「地理空間情報活用推進基本法」等を踏まえて無償で提供しています。
また、国土調査法に基づく「国土調査（土地分類調査、水調査）」の成果の一部もGISデータとして提供されています。

ベクターデータの編集・統合

Step 2

このステップでは、基盤地図情報（基本項目）、国勢調査境界データ、国土数値情報（土地利用詳細メッシュデータ）等を用いて、フィーチャをまとめる、表示範囲を切り出すなど、基礎的なジオプロセシングの方法、データの編集方法について学びます。

① 演習の準備

🖱1 各マップに以下のデータを追加します。

マップビュー名	追加するデータ	
横浜市マップ	行政区画	D:¥gis_pro¥ex6¥ex6.gdb¥AdmArea
交通マップ	軌道の中心線	D:¥gis_pro¥ex6¥ex6.gdb¥RailCL_FG_GML_533914_20230401_0001
	鉄道駅	D:¥gis_pro¥ex6¥data¥station.shp
人口マップ	国勢調査 小地域境界線	D:¥gis_pro¥ex6¥data¥r2ka14106.shp
土地利用マップ	土地利用詳細 メッシュ	D:¥gis_pro¥ex6¥data¥L03-b-c-21_5339.shp
地形マップ	標高点	D:¥gis_pro¥ex6¥ex6.gdb¥ElevPt_FG_GML_533914_20230401_0001
	等高線	D:¥gis_pro¥ex6¥ex6.gdb¥Cntr_FG_GML_533914_20230401_0001

※Step1で基盤地図情報（XMLファイル）をインポートできなかった場合は、D:¥gis_pro¥ex6¥results.gdbのデータを、国勢調査や土地利用データをダウンロードできなかった場合は、D:¥gis_pro¥ex6¥resultsフォルダー内のデータ用いてください。また、基盤地図情報「行政区画」から保土ケ谷区のみ抽出したデータをすべてのマップビューに追加済みです。

② 横浜市マップの加工・編集

基盤地図情報は2次メッシュ単位で提供されています。行政区画（ポリゴンデータ）は、この図郭で分割されていますので、これを行政区の名称と行政コードに基づいて集約し、横浜市の行政区データを作成します。ここでは、同じ属性を持つフィーチャをまとめるディゾルブ（dissolve）ツールを用います。

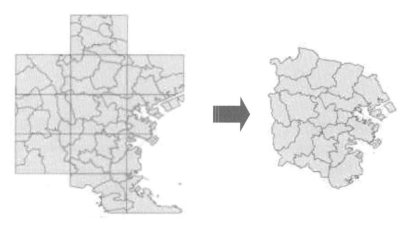

🖱2 ［マップ］タブ ＞［属性条件で選択］ボタン 🔲 をクリックし、以下のように設定して、［OK］
ボタンをクリックします。横浜市域のフィーチャが選択されます。

🖱3 ［解析］タブ ＞［ツール］ボタン 🔲 をクリックし、ツールの検索欄に「ディゾルブ」と入力
して、［ディゾルブ（Dissolve）］を選び、ジオプロセシング（ディゾルブ）ウィンドウを開
きます。ジオプロセシングウィンドウは、［表示］タブ ＞［ジオプロセシング］ボタン
🔲 ジオプロセシング をクリックすることでも立ち上がります。

🖱4 以下のように設定し［実行］ボタンをクリックします。行政区画のうち選択済みフィーチ
ャのみに対してディゾルブが実行され、横浜市域の行政区別データが出力され、マップに
追加されます。コンテンツウィンドウで「行政区画」レイヤーのチェックを外しましょう。

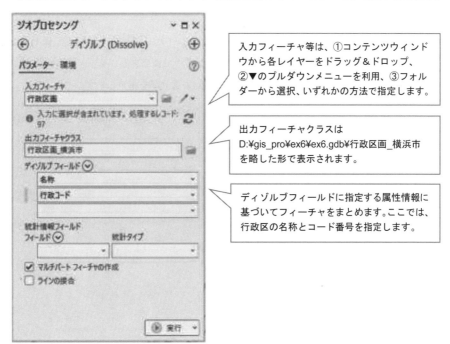

入力フィーチャ等は、①コンテンツウィンド
ウから各レイヤーをドラッグ＆ドロップ、
②▼のプルダウンメニューを利用、③フォル
ダーから選択、いずれかの方法で指定します。

出力フィーチャクラスは
D:¥gis_pro¥ex6¥ex6.gdb¥行政区画_横浜市
を略した形で表示されます。

ディゾルブフィールドに指定する属性情報に
基づいてフィーチャをまとめます。ここでは、
行政区の名称とコード番号を指定します。

5　"保土ケ谷区域"を表示するための新規レイヤーを作成します。

「行政区画_横浜市」レイヤーでⓋクリック ＞［コピー］した後、

「横浜市マップ」マップビューでⓋクリック ＞［貼り付け］を選択します。

コピーした「行政区画_横浜市」レイヤーでⓋクリック ＞［プロパティ］ウィンドウを開き、

［一般］＞ 名前を＜行政区画_保土ケ谷区＞に変更し、シンボルの色も変更します。

6　表示フィルター機能を用いて"保土ケ谷区域"のみ表示します。

「行政区画_保土ケ谷区」レイヤーでⓋクリック ＞［シンボル］ウィンドウを開きます。

［表示フィルター］タブ内の［表示フィルターの有効化］ボタンを ON に切り替え、

［アクティブな表示フィルターを設定］は手動を選び、［新しい表示フィルター］をクリック

し、以下のように設定して［適用］ボタンをクリックします。

ここをクリックすることで、表示フィルターの ON/OFF を切り替えることができます。

属性テーブルの「名称」フィールドが「横浜市保土ケ谷区」のフィーチャのみを表示するよう設定します。

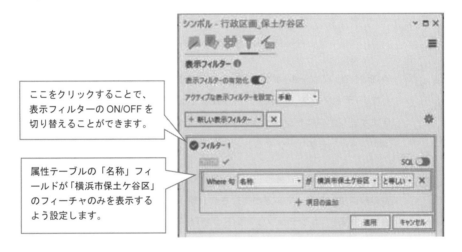

7　地形図を背景に、「行政区画_横浜市」レイヤーおよび「行政区画_保土ケ谷区」レイヤーを透過表示します。コンテンツウィンドウで該当するレイヤーを選択し、［フィーチャレイヤー］コンテキストタブ ＞［透過表示］で透過率を指定します。

③ 交通マップの加工・編集

「軌道の中心線」レイヤーの加工・編集と、駅ポイントデータの編集を行います。軌道のフィーチャには、隣接区にまたがっているものがありますので、保土ケ谷区の行政区画レイヤーでクリップ（型抜き）し、保土ケ谷区域の軌道のフィーチャのみくり抜いて抽出します。

🖱8　マップビュー「交通マップ」を表示します。

🖱9　［解析］タブ ＞［ツール］ボタン 📷 をクリックし、ツールの検索欄に「クリップ」と入力して、［クリップ（Clip）］を選び、ジオプロセシング（クリップ）ウィンドウを開き、以下のように設定して［実行］ボタンをクリックします。計算終了後に「軌道の中心線」レイヤーのチェックを外し、「軌道動の中心線_Clip」レイヤーがマップに追加されていることを確認してください。

出力フィーチャクラスは
D:¥gis_pro¥ex6¥ex6.gdb¥軌道の中心線_Clip
を略した形で表示されます。

🖱10　保土ケ谷区内の鉄道駅ポイントデータを表示し、駅名をラベル表示します。
「station」レイヤーで🖱クリック ＞［ラベリングプロパティ］を開き、
［クラス］＞［ラベル条件式］が $feature.駅名 であることを確認したうえで、「station」レイヤーで🖱クリック ＞［ラベル］を選択すると、5つのポイントに駅名が表示されます。
※［ラベリング］コンテキストタブから設定し［ラベルの有効化］ボタンをクリックすることでもラベル表示できます。

🖱11　駅ポイントデータを編集し、区南東部に「保土ケ谷駅」を追加します。
［編集］タブ ＞［フィーチャ作成］ボタン 📝 をクリックし、フィーチャ作成ウィンドウを立ち上げます。次ページを参考に「station」内の［ポイント］ボタンを選択し［→］で属性入力ページに移動し、［アクティブなテンプレート］に駅名等の属性情報を入力した後、オンライン地図等を参考に、マップ上（区南東部の軌道の中心線上）にポイントを作成します。作成したら［編集］タブ ＞［保存］ボタン 💾 をクリックします。

ポイントボタン

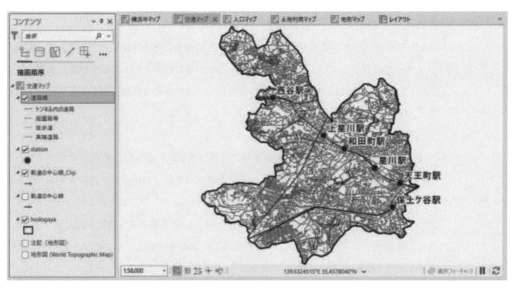

📖 フィーチャクラスの作成

フィーチャクラスを新規作成し、他の地図や測量結果に基づいてフィーチャを作成する場合、まず、カタログウィンドウを立ち上げ、格納するデータベース名で㊨クリックし、[新規]＞[フィーチャクラス]＞[フィーチャクラスの作成]ウィンドウを立ち上げます。このウィンドウ内で、フィーチャクラスの名前とエイリアス、フィーチャタイプ（ポイント、ライン、ポリゴン等）、フィールド（フィールド名とデータタイプ）、空間参照等を定義した後、フィーチャを作成し始めます。緯度経度等の位置情報を入手できたときは、XY座標に基づいてジオプロセシングツール（XYテーブル→ポイント）を用いて、ポイントフィーチャクラスを新規作成することができます。

🖱12 基盤地図情報 基本項目をもとに作成された「道路縁」のレイヤーを追加します。
このレイヤーはあらかじめレンダリング等が定義されたレイヤーファイル（.lyrx）です。
D:¥gis_pro¥ex6¥data¥道路縁.lyrx

④ 人口マップの加工・編集

　保土ケ谷区の町丁目（小地域）単位の人口データに基づき、人口密度マップを作成します。飛び地の
ある町丁目の人口と面積を合算した後、人口密度を算出します。

📌13　マップビュー「人口マップ」を表示します。

📌14　定義書を参照しながら、「r2ka14106」レイヤーで㊨クリック ＞ ［属性テーブル］を開
　　き、人口密度を求める際に使うフィールド［JINKO］人口（人）を確認します。飛び地の
　　ある「上菅田町」には複数のフィーチャ及びレコードがあり、町丁・字等重複フラグ
　　［KIGO_E］E1 のレコードに飛び地分も合算した人口が入力され、［KIGO_E］E2 の方の
　　人口は 0 人です。「上菅田町」には、もうひとつ[KIGO_E]に入力値のないフィーチャ及
　　びレコードがありますが、このエリアは調査区が異なります。

📌15　人口密度を正確に求めるため上菅田町の飛び地(E2)を上菅田町(E1)にマージします。
　　［編集]タブ ＞ ［ツール]グループの［編集ツールギャラリー]内にある[マージ]ボタン
　　をクリックして、ジオプロセシングウィンドウ（マージ）を開き、 Shift キーを押しなが
　　ら上菅田町の2フィーチャ（E1 と E2）を選択します。マージ後は E1（面積が大きく、
　　人口の合算値を属性とするフィーチャ）の属性を維持するように設定し[マージ]ボタンを
　　クリックします。マージ後、[編集]タブ ＞ [保存]ボタンをクリックします。

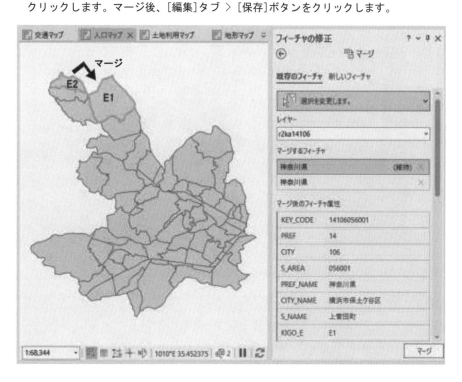

16 「上菅田町」の面積を飛び地との合算値に更新し、面積単位を ha で求めます。
「r2ka14106」レイヤーの［属性テーブル］を開き、新しいフィールド（フィールド名：AREA2、
データタイプ：Float、数値形式：数値（桁数：6））を追加します。全フィーチャの選択解
除後、属性テーブルの［AREA2］フィールド名で㊨クリック ＞［ジオメトリ演算］＞ 面積
（単位：ヘクタール）としてマージ後の面積を再計算してください。

17 さらに、新しいフィールド（フィールド名：popden、データタイプ：Float、数値形式：
数値（桁数：6））を追加します。全フィーチャの選択が解除されていることを確認し、属
性テーブルの［popden］フィールド名で㊨クリック ＞［フィールド演算］で人口密度（人
/ha）を計算してください。演算では人口［JINKO］と面積［AREA2］のフィールド値を
用いましょう。

18 「r2ka14106」レイヤーで㊨クリック ＞［シンボル］ウィンドウを開き、［プライマリシ
ンボル］を［等級色］、フィールドを［popden］に設定し、人口密度マップを作成します。
下図の設定（方法、間隔サイズ、クラス）を参考に分類しましょう。各クラスの上限値と
ラベルは直接入力できますので、必要に応じて適当な数値に変更してください。

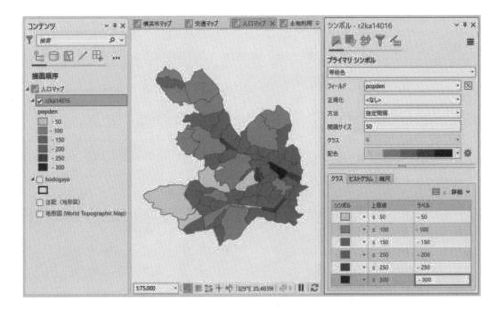

📖 国勢調査データ

一つの市区町村内に同一の町丁・字等番号を持つ境界が複数存在した場合、原則として、境界ごとに足し上げた基本単
位区（調査区）の人口が多い順に E1 から付与されています。足し上げた基本単位区（調査区）の人口が同じ境界が複
数ある場合は面積の広い順に付与されます。ただし、島と島以外がある場合は陸地部分を優先して付与されています。
一つの市区町村内に同一の町丁・字等番号を持つ境界が複数存在するか確認したうえで国勢調査データを扱いましょう。

⑤ 土地利用マップの加工・編集

　次に、土地利用マップの加工・編集を行います。ここで用いるデータ（土地利用詳細メッシュデータ）は三大都市圏の土地利用の状況を、3次メッシュ 1/20 細分区画（50m メッシュ）毎に整備したものです。保土ケ谷区の行政区画レイヤーでクリップして抽出した後、シンボルを利用区分毎に色分け表示します。

19　マップビュー「土地利用マップ」を表示します。

20　［解析］タブ ＞ ［ツール］ボタン 🔧 をクリックし、ツールの検索欄に「クリップ」と入力して、［クリップ（Clip)］を選び、ジオプロセシング（クリップ）ウィンドウを開き、以下のように設定して［実行］します。

（設定条件）

> 入力フィーチャ：L03-b-c-21_5339
>
> クリップフィーチャ：hodogaya
>
> 出力フィーチャクラス：D:¥gis_pro¥ex6¥ex6.gdb¥ LU_hodogaya

21　「LU_hodogaya」レイヤーで🖱クリック ＞ ［シンボル］ウィンドウを開き、［プライマリシンボル］を［個別値］、フィールドを［L03b_c_002］に設定します。以下のコード表を参照して、土地利用種別毎に適当なシンボルを用いて表現し、ラベルをコード（番号）から種別（名称）に変更してください。なお、対象エリア内に各コード（種別）に該当するフィーチャやレコードがないケースもあります。

コード	種別
0100	田
0200	その他の農用地
0500	森林
0600	荒地
0701	高層建物
0702	工場

コード	種別
0703	低層建物
0704	低層建物（密集地）
0901	道路
0902	鉄道
1001	公共施設等用地
1002	空地

コード	種別
1003	公園・緑地
1100	河川地及び湖沼
1400	海浜
1500	海水域
1600	ゴルフ場
―	―

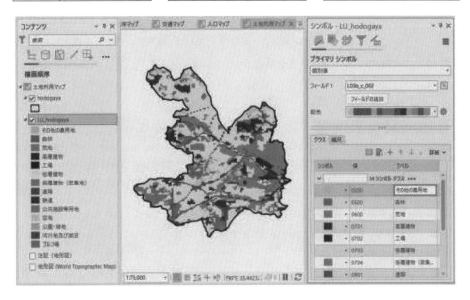

6

Step
3

ラスターデータの編集・統合

① 基盤地図情報 数値標高モデル（DEM）の変換

　基盤地図情報 数値標高モデル（DEM: Digital Elevation Model）のデータフォーマットも、前出の JPGIS（地理情報標準プロファイル／ Japan Profile for Geographic Information Standards）に準拠した GML 形式であり、ArcGIS Pro で扱うためには変換する必要があります。そこで、基盤地図情報の変換ツールを用いて、ArcGIS Pro で扱うことができるデータに変換（インポート）します。

🖱1　マップビュー「地形マップ」を表示します。

🖱2　［国内データ］タブ ＞［国土地理院］＞［基盤地図情報のインポート］をクリックし、［基盤地図情報のインポート］ウィンドウを立ち上げ、以下のように設定して［実行］します。

（設定条件）

> ・入力ファイル：D:¥gis_pro¥ex6¥data¥FG-GML-5339-14-DEM5A.zip
> ・出力ジオデータベース：D:¥gis_pro¥ex6¥ex6.gdb（デフォルト）
> ☑同一種別のレイヤーは１レイヤーとして保存（デフォルト）
> ・測地系：JGD2011

　　※入力ファイル（圧縮フォルダー）は基盤地図情報サイトからダウンロードしました。

🖱3　変換したラスターデータ「DEM5m 標高」を、［マップ］タブ ＞［データの追加］＞［データ］ボタンでマップに加えます。（またはカタログウィンドウからドラッグ＆ドロップで追加。）

🖱4　表示時のリサンプリング方法を指定します。標高は連続サーフェスとして表現できる事象なので、共一次内挿法（周囲の４つのセルから値を内挿する方法）を使ってリサンプリングします。コンテンツウィンドウの「DEM5m 標高」レイヤーを選択した後、［ラスターレイヤー］コンテキストタブ ＞［リサンプリングタイプ］ 📷 ＞［共一次内挿法］を選択してください。

📖　基盤地図情報（数値標高モデル）

基盤地図情報の数値標高モデル（DEM: Digital Elevation Model）には、5m、10m メッシュの２種類あります。5m メッシュ DEM は、航空レーザ測量または写真測量の成果から作成され、主に都市域周辺と一部の島しょ部等で整備されています。10m メッシュ DEM は、火山基本図の等高線より作成したものと２万５千分の１地形図の等高線から作成したものがあり、後者は全国で整備されています。どちらの成果で作成されたかファイル名で判断でき、5m メッシュ DEM には「A」、10m メッシュ DEM には「B」が含まれます。

② 地理参照の定義と投影変換

　2002 年 3 月末までに刊行された「数値地図」は日本独自の座標系である日本測地系により作成されています。当時、発行されていた「数値地図 50m メッシュ（標高）」を変換したシェープファイル（mesh50.shp）を、他のデータと同じ世界測地系（日本測地系 2011）に変換します。

　マップの「座標系」と異なる座標系を持つレイヤーは、マップの空間参照にリアルタイムで投影されますが、リアルタイムで再投影されるデータを編集すると空間エラーが発生します。予めデータを投影変換することで編集時のエラーを回避できますので、この変換方法を確認します。

　🖱5　「mesh50.shp」の座標系（測地系）を確認します。

　　　　カタログウィンドウの「D:¥gis_pro¥ex6¥data¥mesh50.shp」で㊨クリック＞［プロパティ］＞［ソース］＞［空間参照］＞ 地理座標系：「日本測地系（Tokyo）」であることを確認します。

　　　　座標系未指定の場合は「日本測地系（Tokyo）」（別名：GCS_Tokyo）に指定します。

　🖱6　日本測地系から世界測地系（日本測地系 2011）に変換します。

　　　　［解析］タブ ＞ ［ツール］グループの［編集ツールギャラリー］を展開し［投影変換］ボタン　🌐 をクリックして、ジオプロセシングウィンドウを立ち上げ、次ページのように設定して［実行］します。

　※［解析］タブ ＞［ツール］または［表示］タブ ＞［ジオプロセシング］でジオプロセシングウィンドウを立ち上げ、検索欄に「投影変換」と入力することでもツールを使用できます。

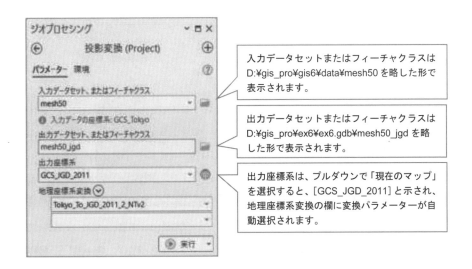

入力データセットまたはフィーチャクラスは D:¥gis_pro¥gis6¥data¥mesh50 を略した形で表示されます。

出力データセットまたはフィーチャクラスは D:¥gis_pro¥ex6¥ex6.gdb¥mesh50_jgd を略した形で表示されます。

出力座標系は、プルダウンで「現在のマップ」を選択すると、［GCS_JGD_2011］と示され、地理座標系変換の欄に変換パラメーターが自動選択されます。

　🖱7　変換したポイントデータ「mesh50_jgd」が、マップに自動的に追加されます。追加されない場合は［マップ］タブ ＞［データの追加］＞［データ］ボタンでマップに加えてください。

　　　　（またはカタログウィンドウからドラッグ＆ドロップで追加。）

③ 標高サーフェスの作成（標高ポイントの内挿→グリッド変換）

標高ポイントを［Spatial Analyst］ツールの内挿機能を用いて、グリッドに変換します。

🖱8　内挿してラスターに変換します。

［解析］タブ ＞ ［ツール］📷 または ［表示］タブ ＞ ［ジオプロセシング］ 📷 ジオプロセシング で

ジオプロセシングウィンドウを開きます。［ツールボックス］＞［Spatial Analyst ツール］＞

［内挿］＞［IDW］＞［パラメーター］を選択し、以下の条件を設定し［実行］します。

（設定条件）

> ・入力ポイントフィーチャ：mesh50_jgd　（D:¥gis_pro¥ex6¥ex6.gdb¥mesh50_jgd）
> ・Z値フィールド：ELEV
> ・出力ラスター：elevation　（D:¥gis_pro¥ex6¥ex6.gdb¥elevation）
> ・その他：デフォルト

※ジオプロセシングウィンドウの検索欄に「IDW」と入力することでもツールを使用できます。

🖱9　「elevation」レイヤーで㊨クリック ＞［シンボル］を選択し、分類（値の各グループに色
を割り当て）からストレッチ（カラーランプに沿って値をストレッチ）に変更したうえで、
①で作成した「DEM5m 標高」レイヤー等と見比べます。

航空レーザ測量による「DEM5m 標高」の方が鮮明で、水部（河川・池等）は NoData で
す。ただし、「DEM5m 標高」の提供範囲は主に都市域に限られますが、1/25,000 地形図
から作成した「DEM10m 標高」や「50m メッシュ（標高）」は全国で整備されています。
基盤地図情報（基本項目）の「等高線」レイヤーや「標高点」レイヤーも参考に地形を把
握しましょう。

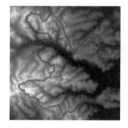
「Elevation」
数値地図 50m メッシュ（標高）

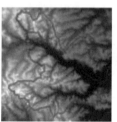
「DEM5m 標高」
基盤地図情報

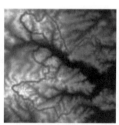
「DEM10m 標高」
基盤地図情報

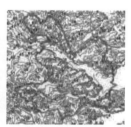
「等高線」「標高点」
基盤地図情報

Step 4

レイアウト

『HODOGAYA マップ』は、ほぼ完成しました。

作成した 5 つのマップ（①横浜市における保土ケ谷区の位置図、②保土ケ谷区の交通マップ、③保土ケ谷区の人口マップ、④保土ケ谷区の土地利用マップ、⑤保土ケ谷区の地形マップ）の表示レイヤー、シンボル、ラベル、縮尺、凡例などを整えて、みなさん各自のアイデアを活かしてレイアウトしてください。

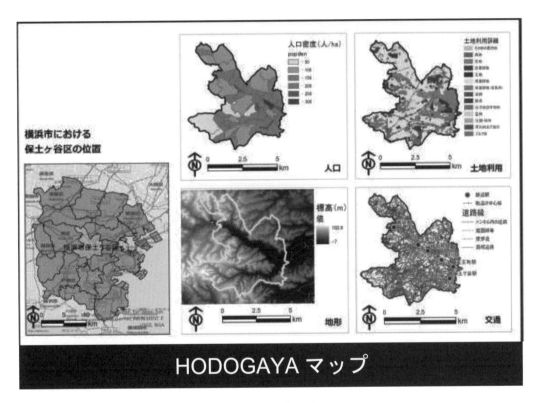

レイアウト作成例

おわりに

　この本は横浜国立大学の佐土原・吉田・稲垣研究室が行っていた GIS をはじめて学ぶ学生を対象とした講義・演習のために作った私的なテキストに手を加えて出版した『図解！ ArcGIS －身近な事例で学ぼう－』(2005 年)、その後、さらに発展し機能が充実した ArcGIS Ver.10 に対応するために新たにまとめた『図解！ ArcGIS10 Part 1 －身近な事例で学ぼう－』をベースに、ArcGIS Pro に対応するためにまとめなおしたものです。最初のテキストである 2005 年の『図解！ ArcGIS』の出版に至った経緯をここに記しておきたいと思います。

　1997 年 1 月に、私の前任の村上處直元教授と、その旧知の Kenneth Topping 氏に連れられて、私は米国カリフォルニア州 Redlands にある ArcGIS の開発会社、ESRI の本社を訪問し、会長の Jack Dangermond 氏とその右腕といわれる Mark Sorensen 氏にお会いする機会を得ました。その折、Sorensen 氏 が、ある大学の移転計画にともなう敷地の地形・地質、植生、土壌をはじめ、人口、建築物、遺跡、その他、環境に関わりのあるさまざまな地図を同スケールにしたものを、延々と言葉少なに見せてくれました。しかし私は恥ずかしいことに、当時、Sorensen 氏の意図を十分には理解できませんでした。今思えば、科学的、社会的なさまざまなデータを地図化して、共通のプラットフォーム上で重ね合わせることの重要性、異なる分野の人たちが協働し、多分野の知見を計画に反映することの意義、そしてそのツールとしての GIS の有用性を伝えたかったという彼の意図がよくわかります。その時が私にとって初めての GIS との本格的な出会いでした。

　Dangermond 会長との話の中で、GIS の将来像、それを担う人育ての重要性が話題となりました。それがきっかけで、同年春から横浜国立大学の学生を毎年 2 ～ 3 名、半年間、ESRI 社に受け入れていただくインターンシップが始まりました。数年間、インターンシップが続くうちに私の研究室に GIS が定着してきましたので、今度は学内で広く GIS を研究教育に活かすしくみづくりに向けて動き出しました。学内のプロジェクト研究費をいただいて、2002（平成 14）年度から ArcGIS のサイトライセンスを導入し、講義を開講するとともに、GIS を基盤とした多分野の研究の連携を進めてきました。その一環で講義・演習用に作成したのが、冒頭に触れた私的なテキストです。

　さまざまな分野の人が GIS を学んで、GIS を "Common Language（共通の言語）"、あるいはプラットフォームとして、地域環境や地球環境、安全・危機管理をはじめとする社会の複雑な課題に連携して取り組み、実践的な問題解決へとつなげるために GIS は必要不可欠で、その重要性はますます高まっています。そうした社会づくりに向けた GIS の普及に、本書が一助となればと願っています。

　最後になりましたが、私たちの研究室が GIS を始めて、それを発展させる基礎を築いていただいた村上處直元教授とそのきっかけを作っていただいた Kenneth Topping 氏、GIS の貴重な人材を多数育てていただいた Jack Dangermond 会長、James Henderson 氏をはじめとした米国 ESRI 社の方々、Mark Sorensen 氏、GIS の重要性を理解いただき、学内で GIS を発展させるために支援をいただいた鈴木邦雄元学長（当時、環境情報研究院長）、板垣浩・飯田嘉宏・元横浜国立大学学長、講義・演習用のテキストの作成に参加した有村陽介氏（当時、横浜国立大学大学院環境情報学府博士課程前期）、湯川喬介氏（同）、本書のベースとなった研究室 GIS 勉強会においての資料作成作業をしてくれた研究室の学生諸君、前シリーズ Part2、Part3 の著者である川崎昭如・現東京大学教授、今回の ArcGIS Pro 版作成に協力いただきました Localist の西岡隆暢氏、そして出版にあたって原稿の取りまとめやチェックなどでお世話になりました ESRI ジャパン株式会社の正木千陽会長兼社長、隆はるみ氏、矢口浩平氏、土田雅代氏、新たにまとめなおした本書の出版にご尽力いただいた古今書院編集部の原光一氏に心から感謝申し上げます。

　　　2023 年 11 月

横浜国立大学名誉教授

佐土原　聡

編 者 略 歴

佐土原　聡　さどはら さとる

1985 年 早稲田大学理工学研究科建設工学専攻博士課程単位取得退学，工学博士（1986 年）。
早稲田大学理工学部助手，ベルリン工科大学都市・地域計画研究所客員研究員を経て，1989 年 横浜国立大学工学部助教授，2000 年 同大学院工学研究科教授，2001 年 同大学院環境情報研究院教授，2011年 同大学院都市イノベーション研究院教授，2021 年 横浜国立大学副学長，2023 年 横浜国立大学名誉教授・一般社団法人 都市環境エネルギー協会 専務理事，現在に至る。
GIS を活用して科学的なデータに基づく総合的視点から都市エネルギー，都市環境，都市防災の研究に取り組んでいる。

著 者 略 歴

吉田　聡　よしだ さとし

2000 年 横浜国立大学大学院工学研究科計画建設学専攻博士課程後期修了，博士（工学）。同年 横浜国立大学大学院工学研究科助手，2001 年 同大学環境情報研究院講師，2004 年 同助教授，2007 年 同准教授，2011 年 同大学都市イノベーション研究院准教授，現在に至る。
専門は都市環境工学，特に地理情報システムを活用した都市環境管理，都市環境計画，都市エネルギー計画の研究に取り組んでいる。

古屋　貴司　ふるや たかし

米国 ESRI 社インターンを経て，2004 年 横浜国立大学大学院環境情報学府博士課程後期修了，博士（工学）。同年 横浜国立大学安心・安全の科学研究教育センター特任教員（助手），2006 年 同センター特任教員（講師）として都市リスク解析や等の地理的根拠に基づく分析と可視化および都市防災・危機管理対応に関する研究に従事。2012 年から（国研）科学技術振興機構社会技術研究開発センター，2018 年から（国研）防災科学技術研究所を経て，2022 年より（一財）消防防災科学センターにて消防力の適正配置調査等に従事，現在に至る。

稲垣　景子　いながき けいこ

米国 ESRI 社インターンを経て，1998 年 横浜国立大学大学院工学研究科計画建設学専攻博士課程前期修了。同年 横浜国立大学工学部助手，2001 年 同大学境情報研究院助手，2007 年 同特別研究教員，2011年 同大都市イノベーション研究院特別研究教員等を経て，2018 年より同准教授（2023 年より同大総合学術高等研究院准教授を兼任）。現在に至る。博士（工学）。
安全で安心して暮らせる地域づくりを目指し，GIS を活用した都市防災研究に取り組んでいる。

書　名	**図解！ 触って学ぶ ArcGIS Pro**
コード	ISBN978-4-7722-4236-3 C1055
発行日	2024 年 3 月 1 日　初版第 1 刷発行
編　者	佐 土 原　聡
	© 2024 SADOHARA Satoru
発行者	株式会社古今書院　橋本寿資
印刷所	太平印刷社
発行所	（株）古 今 書 院　〒 113-0021　東京都文京区本駒込 5-16-3
電　話	03-5834-2874
F A X	03-5834-2875
U R L	https://www.kokon.co.jp/
	検印省略・Printed in Japan